なぜ日本は原発を止められないのか？

青木美希

文春新書

1433

なぜ日本は原発を止められないのか？　目次

はじめに　7

第1章　「復興」の現状は　19

不帰の人／除染後も鳴るアラーム／イノシシに荒らされた家屋／2時46分で止まったままの掛け時計／「放射能を浴びてきたんだから寄ってくるな」／「災害公営住宅」に移住者？／50％が浪江町に戻らないと決意／14歳の中学生が自死

第2章　原子力専門家の疑問　51

原発は「期待は大きいが、不確実性も大きい」／「20代、30代だけでも免震棟にあげろ」／4号機の核燃料１５３５本が危機に／吉田所長「我々のイメージは東日本壊滅」／なぜ4号機のプール内に水はあったのか？／公開が遅れたＳＰＥＥＤＩの予測データ／がんの労災認定はわずか11人／事故直後でも原子力に固執

第3章　原発はなぜ始まったか　83

正力松太郎vs.湯川秀樹／事故を引き起こした要因／「過酷事故は起こらない」前提で安

全軽視／日本最大の事故で２人が死亡／機能しなかったオフサイトセンター

第４章　原子力ムラの人々　103

原子力ムラの〝村長〟／政治家に渡る「原発マネー」／元福島県知事「原発の地域振興で潤うのは一世代だけ」／原発産業がなくなれば事故以上の災難？／原発は「安価」は本当か？／「原発反対がゼネコンを潤す」／規制側を取り込む電力会社／電力業界の虜／学会の内部告発規定に圧力／学者は研究資金のために原発擁護／朝日が道を切り開いた原子力ＰＲ広告／原発に対する朝日の姿勢は「イエス・バット」／「東電の了解ない写真」と記者が記者を妨害

第５章　原発と核兵器　163

脱原発と核抑止力／保有するプルトニウムは原爆約６０００発分／世界の科学者たちが核廃絶を議論／岸田氏の言葉に落胆／石破氏「原発は安全じゃないが、ゼロにする答えが出ない」／戦争のターゲットになった原発

第6章　作られる新たな「安全神話」　193

利用される「鉄腕アトム」／広告か記事か明記されていないコラム／「世界で最も厳しい水準」という神話／基準地震動を低く見積もりたがる電力会社／見直されなかった計算式／裁判長「原発は私の家より地震に弱い」／避難計画の整備不足／避難計画は誰も審査しない／集中立地問題は無視／「どこがいつ割れるか予測できない」

第7章　原発ゼロで生きる方法　233

福島第一原発事故で脱原発を決めたドイツとイタリア／日本で脱原発ができない理由／「原発立地振興法案」をめぐる攻防／原発回帰した岸田首相／「原発推進の姿勢はまったく間違いだった」／小泉元首相「安全、コストが安い、クリーンエネルギー、ぜんぶ嘘」／政府の最大の責務を放棄

おわりに　275

はじめに

太平洋を抜けてきた潮風が、漁船が停泊する港にぼうぼうと吹く。福島県いわき市の小名浜漁港から見える海は、群青色に広がっていた。

福島県漁業協同組合連合会（県漁連）理事の柳内《やない》孝之さん（57）は、Ｔシャツ姿で風に吹かれながらこう訴えた。

「東京電力が事故で汚した海ですよね。汚染された海を浄化していくという話ならわかりますが、（福島第一原発から）海洋放出すれば、福島の海は震災前より悪化しているとみられてしまいます。商売が立ちゆかなくなる可能性がある。仲間が苦しめられ、また命を失う人が出るかもしれない」

柳内さんは、一人の水産業者のことが忘れられない。原発事故で魚が売れなくなったことと不漁が重なり、自己破産し、自ら命を絶った。その男性には息子がいた。にもかかわらず、子どもを残して、悲しい結末を選んでしまった。こうした事実は報道されない。柳内さんは言う。

「不思議なんです。政府を擁護し、『海洋放出は安全だ』と言うジャーナリストと称する人たちがいますけど、例えばそういう人たちが漁業者に話を聞きに来るかといったら、絶対に来ない」

政府と東電は２０１５年に、「関係者の理解なしには、いかなる処分も行いません」と文書で県漁連に約束した。漁業者や市民は約束を守るよう繰り返し訴えてきたが、政府は２０２１年４月に海洋放出を決定した。それでも政府はうわべだけで、「約束は守る」との公言を繰り返した。

決定から３カ月後、東京の衆議院第二議員会館で、福島の人たちが経済産業省の官僚らに、約束を反故にしたことへの謝罪、海洋放出方針の撤回、公聴会開催などを求めた。それを取材していた私は、終了後に官僚のもとに行って尋ねた。周囲に人はいなかった。

「文書には関係者の理解なしに、とありますが、漁協、自治体などとどこまで合意を取るのですか？」

「合意なんて取りませんよ。取り切れない。うちも、うちもとなってしまうでしょう」

当然じゃないですか、という表情に見えた。愕然とした。

約束を守ると公言しているのはいったいどういう了見なのか。西村康稔《やすとし》経済産業大臣は

福島県漁連の柳内孝之理事

２０２３年６月10日にも、「約束は守る。漁業者が不安に思う以上、丁寧に説明する。私の責任だ」と言っていた（同日「東京新聞」デジタル版より）。しかし結局、政府は、県漁連が納得しないまま、反対したままにもかかわらず、８月から放出を開始した。

表《おもて》で言っていることと事実はどうしてこうも違うのだろう。海洋放出決定後、公聴会も開かずに「流す」というストーリーは当初からできあがっていたのである。本音を聞いた取材者はごまんといるはずだ。なぜ、表に出ないのか。政府がもとから合意をとるつもりなどなかったことは、どうして報じられないのだろうか。

東電は、実際に海に放出する前には、ＡＬＰＳという設備でトリチウム以外の放射性物質を取り除くとしているが、ゼロにはできない。基準以下の濃度にすると説明しているが、他の放射性物質について全体でどれぐらいの量を排出できるかという「総量」限度の規制はなく、全体でどれだけの放射性物質を流すのか、政府も東電も明らかにしない。

また、流す水は、政府が「ＡＬＰＳ処理水」と名付けてその性質を分かりづらくしている。だが実際のところ、原子炉等規制法上では、「液体状の放射性廃棄物」である。２０２３年９月14日にも、私は国会議員たちの前で原子力規制庁に確認した。「そうです。液体状の放射性廃棄物です」と、はっきりした答えだった。

また、表では「海洋放出期間は30年程度」と発表しているが、実際は何十年になるのか、１００年を超えるのか、誰にもわからない。

漁業者のほかにも、反対の声を上げる人たちがいた。日本科学者会議が、「科学的研究が十分でないと懸念する声もあることにも配慮すべき」と、海洋放出に反対し、タンクの増設による長期保管を求める声明を出した。被曝影響の専門家たちや住民らも、「安全性が確認されていない」と訴えた（ＳＮＳ上では「非科学的」、「感情的」などとお決まりの批判が書き込まれた）。

すでに、東電が海洋放出を始めた日から中国が日本産水産物を全面禁輸するなどの影響が出ている。柳内さんはやりきれない。
「約束違反は約束違反です。漁業者のほとんどがそう思っています。それに東電が被害を賠償すると言っていますが、これまで東電が多くの賠償を拒否してきているなかで、今度はきちんと補償されると誰が思いますか？　海洋放出と関係ないと言って賠償をはねるでしょう。決めたのは官邸ですが、被害を被るのは、我々の関係者が圧倒的に多いんです」

恐ろしいのは、この海洋放出が「排出作業の始まり」にすぎないことだ。

複数の原子力推進の専門家が、「これぐらい処理できなければ、先に進めない」、「もっと放射線量が高い廃棄物が山積している」と、私に話す。元原子力規制委員会委員長の田中俊一氏は、「トリチウムの排水は、イチエフ（福島第一原発）のリスクでは一番小さいリスク。そういうことができないようではイチエフの廃止というプロセスをたどれなくなる」と、プライムニュース（ＢＳフジ２０２１年４月16日）で述べた。

実際、福島第一原発では、爆発で壊れた屋根や地下から水が入り、壊れた原子炉、溶け落ちた核燃料に触れている。このためこの水には、セシウム１３７やプルトニウム２３９、ストロンチウム90、ヨウ素１２９など様々な放射性物質が含まれている。基本的にはトリチウムしか含まれていない通常の原発からの排水とは大きく異なる。この壊れた原子炉に常に流入してくる水を止める手段はまだ見通しが立っていない。

政府がずさんに進めてきた原子力政策のつけ――。政府が私たちに本格的なリスクを負わせるのは、これからだ。


水の次は土だ。

政府は除染作業で取り除いた汚染土を全国で利用する方針を決めているのだ。

原発からセシウムなどの放射性物質が、畑や住宅街に広く飛散した。作業員が袋に詰めた土は、福島県内（帰還困難区域外）のものだけで１４００万立方メートルにものぼる。その汚染土の行き場がないとして、政府は全国の農地や道路に使おうとしている。

放射性物質の扱いの基本は「閉じ込める」だ。にもかかわらず、閉じ込めたはずの土を袋からわざわざ出して地面に盛り、汚染されていない土を50センチ程度かぶせて使う。

札幌出身の50代の元作業員は、福島県内の川岸や住宅街で作業をし、汚染された土を集めて袋に入れ、重たい袋をトラックに運んだ。線量計をつけながらの被曝労働だった。汚染土を出して使うことに対して、「人を助けることになると思って、被曝しながら作業したのに、自分たちの仕事は何だったんですか」とショックを受けていた。

使われる場所の周辺住民も困っている。福島県二本松市と南相馬市では、政府が道路に使用しようとしたが、地元住民たちが「帰還する人がいなくなる」などとして反対し、計画は凍結した。一方で、飯舘村では長泥地区で農地に使われている。

現在は、政府が東京の新宿御苑の花壇や、埼玉県所沢市の一角で土を使う実証事業をしようとしており、地元住民らが反対している。私が環境省の官僚に住民の合意は取るのか尋ねると、「合意は必要ないと思っています」と答えた。海洋放出のときと同じだ。

政府はこの土を「除染土壌」と言い出し、報道でも「除染土」という表現が目立ってきた。環境省幹部に「除染土と言うときれいにしたあとの土のようではないですか。汚染土ですよね？　汚れたまま」と、私が問いただすと、苦笑いして、「汚染土だと聞こえが悪いからね。そちらで汚染土と呼ぶ分にはこちらからは何も言いません」と話していた。

しかし、ネット上で、「汚染土は事実と異なる呼称」と批判つぶしがされるようになってきた。海洋放出している放射性廃棄物を汚染水と呼ぶと、言葉狩りが行われ、批判つぶしされるように、汚染土もまたネット上で言葉狩りの対象となりつつある。

本当のことが、伝えられず、伝わらないようにされている。

私たちはいつまでつけを払い続けるのか。

東電と政府が一体となって原発を推進し、〝原子力ムラ〟の人々が安全規制をずさんにしてきたからこそ事故は起きた。

それなのに政府は、東電の「汚染者負担の原則」をないがしろにし、事故処理にかかる莫大な金額を私たち国民に押し付けている。なぜここまでして東電をかばうのか。

イタリアの物理学者、アンジェロ・バラッカさんは来日した際にこう訴えていた。

「重大な事故がおこったときには電力会社の負担の一定額以上は免責される、というのもコストの外部転嫁のからくりの一つです。これまたスキャンダラスな話です。現在日本で、残念ながらこうした生々しい劇的な事態が進行しています。東京電力は、事故によって生じる負担額を免責され、それを賄うのは納税者である国民なのです。この事実だけでも、日本国民がこぞって原子力エネルギーの廃絶を要求するのに十分な理由となります」

政府は、原発を危険なまま推進してきたつけを国民に払わせ、払い終わるめどもないのに、事故後わずか12年で原発を活用する方針に戻した。しかも、従来から最大の課題と言われる「核のゴミの処分場がない問題」は解決されていない。

では、司法は私たちを守ってくれているだろうか。最高裁は原発事故の国の法的責任を認めなかった。

元福井地裁裁判長の樋口英明氏（71）は、「ひたすら国を勝たそうとする強固な意思しか見受けられない。内閣が、政権に近い法律家を最高裁裁判官に任命する傾向が強まってしまっている」と嘆く。

政府が原発に回帰する一方で、日本の再生可能エネルギー（再エネ）の技術開発や普及のスキームは各国に後れをとっているのが現状だ。

日本は１９９３年から国家プロジェクトとして、「ニューサンシャイン計画」を進めていた。革新的技術の開発を目的として、石炭液化、地熱利用、太陽光発電、水素エネルギーの技術開発に取り組んだが、２０００年に終了した。プロジェクトにかかわった官僚は、「原発のために予算を削られ、部署ごとつぶされた。日本の再エネ技術は世界一だった。続けていれば今も世界一だった可能性がある」と、私に悔しそうに話した。

太陽光パネルのシェアはかつて日本が世界トップで、２００５年ごろには５割を占めたが、２００８年ごろに中国に抜かれ、２０２０年には中国製のシェアが７割、日本製パネルはわずか０・３％に沈んだ（２０２１年10月18日付「日本経済新聞」より）。

太陽光だけではなく、ほかのエネルギー開発の国家プロジェクトも、原発に注力するとの理由でつぶされていったと研究者たちが、私に語った。

政府が原発に回帰する中で、電気は余り、大手電力が再エネ事業者に発電を抑えさせる出力制御が頻繁に行われるようになった。２０２３年４～９月には北海道電力と東京電力を除く８社が１９４回の出力制御を行い、最大で１回当たり原発３基分に相当する約２８７万キロワットを抑制した（２０２３年10月16日「共同通信」より）。再エネが無駄になり、業者らが経営難に陥ると困惑している。

原発を続けるということは、事故が起きる可能性を抱え続けることを意味する。福島第一原発事故では、その影響の大きさを私たちは思い知った。

当時、官邸が専門家に依頼して作った最悪のシナリオは、東京を含む半径２５０キロ圏内の人々の任意移転を認める必要があるというものだった。日本中に原発はあり、各地の原発を半径２５０キロで囲むと、沖縄と北海道東部を除いて日本のほとんどの地域が入る。誰もが明日は我が身なのだ。12年たったいまも数万人が避難している。いざというときに10年以上避難を続ける準備ができている人はいるだろうか。

事故をひとたび起こせば取り返しのつかない事態を招くにもかかわらず、原発はなぜこうも優先されるのか。どうして、何のために必要とされているのか。その理由を解き明かすには、歴史を俯瞰し、考えてみなければならない。私はそう思うようになった。

本書は、私が記者として勤めてきた3つの報道機関の社益を離れ、30年かけて一人の人間として聞き歩いてきた、その集大成である。

話を聞いてきた人たちは、大学時代から知り合ってきたエネルギーの研究者ら１００人を超える。被災者を含めると数百人だ。意見の異なる人たちとも対話を繰り返した。怒鳴られても、話を聞いた。なぜなら、知りたかったからだ。原発推進派の重鎮や官僚たちが次第に実態を打ち明け始めた。その証言をもとに資料にあたり、多方面の関係者に聞き歩いて裏付けを取り、記していった。

私たちが自分自身、そして大切な人たちの命と安全を守るためには、まずは知ることからなのだろうと思う。

本書が、その一助になればと願う。

青木美希

第1章　「復興」の現状は

不帰の人

「また一人、大切な人が……」

原発事故の影響で人が住むことができない「帰還困難区域」に指定された、福島県浪江町津島地区から避難している柴田明範《あきのり》さん（57）は、訃報を聞き、肩を落とした。２０２３年6月2日、津島稲荷神社の17代目宮司、井瀬信彦さん（92）が急逝したのだ。「平和で豊かな土地に立ち返らせてください」と祈り続けてきたが、その思いは届かなかった。

これまで柴田さんは、自身が避難する二本松市から25キロ離れた井瀬さん宅を年2回ほど訪ねてきた。原発事故で福島市に避難していた井瀬さんが、〝氏子にお札と手紙を無料で送り、元気づけている〟という話を聞いて感動したからだった。

「『ゆっくりしていきな』といつも良い笑顔で迎えてくれたのが忘れられません」

互いに津島の話をしてきた。柴田さんが国の説明会で「東電が汚した土地は、東電が元に戻すべきだ」と主張すると、井瀬さんは「俺の言いたいことをみんな言ってもらって」とねぎらった。

そんな井瀬さんは、津島地区の住民が国と東電を訴えている裁判の原告約６３０人のうちの一人だった。亡くなる直前の5月25日には、仙台高裁の裁判官が現地を確認する「現地進行協議」が行われ、津島稲荷神社も現地確認の場となった。井瀬さんは自らの神社の前で、裁判官たちに訴えた。

「いま、『津島という名前が日本地図からなくなってしまうんではないか』と電話をくださる方がいます」

「人のいなくなった神社はどうなるんでしょうか。人が手足をもぎ取られてしまったようではないでしょうか」

その後、体調不良で入院し、間質性肺炎で不帰の人となった。現地で訴えてから８日後のことだ。柴田さんは振り返る。

「安らかにと願うばかりです。あたたかい人だった」

帰りたいと願ってきた知人や親族たちが、果たせぬまま亡くなっていく――。

柴田さんはいつか、生きているうちに故郷に帰りたいと願い続けている。

除染後も鳴るアラーム

私は２０２３年7月23日、柴田さんと一緒に津島地区を訪れた。

柴田さんはＪＲ二本松駅に軽トラックであらわれた。人が住むことができない柴田さん宅の敷地内の私道には雑草や木の枝など様々な障害物があるため、「どんな道も大丈夫だから」と自分の軽トラに乗って迎えに来てくれたのだ。

「二本松も暑いんですよ」

この日、待ち合わせた午前11時の気温は26・7度。強い日差しが肌を焼き、体感温度はそれ以上に感じた。

助手席に乗せてもらい、ダッシュボードにサーベイメーターを置く。ウクライナ製で手のひらサイズだ。初期設定で毎時0・3マイクロシーベルトを超えるとアラームが鳴るようになっている。事故前の福島は毎時0・03～0・04マイクロシーベルトだったため、放射線量が事故前の10倍ほどあると作動することになる。

二本松を出発して川俣町から国道１１４号を南東に進み、浪江町津島地区に入る。

「井瀬さんの神社は復興拠点区域で、もう除染して住めるエリアですよね」

「そうです」

復興拠点区域は正式名称を「特定復興再生拠点区域」といい、政府が、放射線量の高い帰還困難区域の一部だけを除染して、復興の足掛かりにするエリアだ。津島地区は地区全

津島稲荷神社

域の約９５５０ヘクタールが帰還困難区域だったが、町と政府は１５３ヘクタール（１・６％）を復興拠点区域とし、２０２３年３月31日に避難指示を解除した。つまり、除染を終えている。

　その地域をこの目で確かめるのが、今回取材をお願いした理由の一つだった。

　中央線のない道に入ると、サーベイメーターの警告音が鳴った。高音、低音を「ピー」「ピー」と繰り返し、注意を促す。場所を確認しようと顔をあげると、左前方に鳥居が見えた。井瀬さんの津島稲荷神社だ。私は念のため、確認した。

「ここ、除染し終わったあとの復興拠点区域ですよね？」

「そう。復興拠点で鳴るんだよ。鳴り続けるから、いつもうちの奥さんが『サーベイメーターをつけるのはやめて』って言うんだよね」

柴田さんが苦笑する。

政府が当初、除染目標に掲げた数字は年間1ミリシーベルト（一般公衆の被曝限度）＝毎時０・23マイクロシーベルトだ。しかし、サーベイメーターは毎時０・３マイクロシーベルトを表示している。

人が住んでいいと政府が認めた地域ですら、警報が鳴る――。

同様に除染後も「０・３」を超える地域はごまんとある。これまで私は田村市や浪江町など各地の住民説明会で、住民たちが「放射線量がまだ高いし、山は除染しないので放射性物質が飛んできて線量が上がっている場所もあるのに、なぜ政府は避難指示を解除するのか」と声を上げるのを見聞きしてきた。実際に、２０２３年9月13日に葛尾村の復興拠点区域で収穫した玄そばから基準（1キロあたり１００ベクレル）の4倍の４３０ベクレルの放射性セシウムが検出された。収穫後にセシウムを含むチリやホコリが付着した可能性が高いと報じられた。避難指示解除のニュースは、素晴らしいことのように報道されるが、放射線量は元に戻っていないのが現実だ。

私と柴田さんは軽トラックで復興拠点区域を通り抜け、帰還困難区域に入った。区域は原発から北西に伸びる7市町村にわたっている。

国道114号から津島地区赤宇木《あこうぎ》の集落に入ると、数値は毎時0・6マイクロシーベルトまで上がった。神社前の倍だ。集落に入るとすぐ右側に2階建ての商店がある。石造りの建物や倉庫などが並んでいる。建物は板で囲っているため、動物が入り込んでおらず、荒れていない。

「ここは息子がよく高校の帰りにカップラーメンを買って食べてきてた店なんだ。店の人がお湯を沸かして息子を待っててくれて、『きょうは何ラーメン食ってくんだ』と声をかけてくれた。人がいいんだ。店の人は福島市に避難していて、『世話になったね』と何回か会いに行った。原発事故から数年はよく草刈りにきて、『(いつか)戻ってくる』って言ってたんだけど、いまは80、90歳近くかな。最近は『もうだめだ。帰れねえな』と」

商店を過ぎると森のような木々や草原が広がる。もともとは田んぼや畑だった地域だ。1年8カ月前に柴田さんと一緒に訪れたときは、田んぼ部分が除染で除草され畔《あぜ》がわかるようになっていたが、再び草木が生い茂っていた。田んぼのへこんだ部分は黒くぼこぼこに穴が掘られている。イノシシがミミズを捕食しようとした痕だ。

しかし、土の放射線量は当然高い。原発事故後、イノシシ肉から基準超えのセシウムが検出され続けているため、政府は福島、群馬県の全域で出荷制限を続けている（２０２３年10月20日時点）。

幹線道路から枝分かれする道が左右にいくつか見える。「帰還困難区域につき通行止め」と赤字で書かれた、黄色の看板が立てられ、銀色のバリケードで遮られていた。

サーベイメーターの警報音が鳴り続ける。数値はぐんぐんあがり、車内でさえ１・２マイクロシーベルトを示した。事故前の30倍前後だ。車内は遮蔽《しゃへい》されているため数値はこれでも低い。外はもう少し高いし、地面近くはもっと高くなる。

軽トラックで進むうちに周囲は国有林になり、両端から木々が道に押し寄せるかのようにせまる。森をかきわけて進んでいる感覚に陥る。

柴田さんが運転席からちらっと右を見てこう言った。

「これでは対向車が来てもわからないね。前はここまでうっそうとしていなかった。我々住民が草を刈ったり、枝を刈ったりして。ここは仲が良かった後輩の家」

柴田さんの視線の先にあるのは森だった。緑の木々。その中に水色の屋根だけが見える。どんな家だったのか、私にはわからない。もともとは道路から家の姿が見えたのだろう。

「通行止め」の看板とバリケード

知っている者でないと、事故前の地域の姿が想像できなくなっている。

「私はいつか奥さんとブルーベリーの観光農園をやろうと思っていて、この地域で（土地を）借りてブルーベリーを育てていたんですよ。規模拡大を図っていたんですけどね……」

柴田さんは原発事故前に砂利製造会社で発破責任者を務める傍ら、将来の夢に向かってブルーベリーを育てていた。親族や友人で食べたり、ブルーベリー酒にしていたという。しかしいまは、草が生い茂り、痕跡はまったく見えない。その夢は、途絶えてしまった。

イノシシに荒らされた家屋

ほどなくして、柴田さんの自宅の敷地に入る道路が右側に見えてきた。金属製の銀色の棒で遮られている。事前に浪江町長名の「住民一時立入車両通行証」の発行を受けないと、敷地に入ることはできないと定められている。柴田さんは通行証を得ていた。太陽光にさらされた棒は、素手で持てないほど熱い。柴田さんは「うわ、あつい……」と言いながら棒を道の端によけた。

軽トラックで進む。敷地内の細い未舗装の道に木々がせり出し、アーチ状になっている。路面は雑草に覆われ、ところどころに枝が落ちていた。

がたがたする道を慎重に軽トラックでのぼっていく。軽トラックでなければ容易に進めない。自分の家の畑が広がっていたところで、柴田さんは言った。

「もう〝森〟でしょ……(笑)。ブルーベリーや、白や紫、ピンクのリンドウを育ててね。山菜を採って、肉を買ってきて、育てた野菜と一緒にバーベキューをして……。連休やお盆には親戚も集まって20人ぐらいでワイワイやるのが恒例で、楽しかったですよ」

この一帯の4ヘクタールは柴田さんの祖父母が拓き、畑にした。柴田さんは3代目で、父母と妻、子ども5人の計9人で暮らしていた。

「うちの湧水はきれいでね。原発事故前に、次女がサンショウウオの卵を取ってきてふ化させる自由研究をしたこともあった。サンショウウオはきれいな自然の中でしか生きられない。担任の先生が、『サンショウウオがいるの？』と驚いていたよ」

やぶの道をさらに進むと、瓦屋根の平屋住宅が見えた。サンルームや玄関の下部にオレンジ色のベニヤ板が張られている。イノシシが侵入しないようにするために張ったという。ベニヤ板には、上に向かうように7、8個の茶色い足跡があった。イノシシがベニヤ板をよじ登ろうとしたようだ。柴田さんは言う。

「将来は長男一家と一緒に住めるようにと思って、平屋の上に2階を建て増しできる造りにしたんですよ。けれど、新潟大学の教授に家の中の放射線量を測ってもらったら、『住めるレベルではない。解体しかない』って言われたんです。家にはもう住めないけど、それでも、イノシシに荒らされるのは許せない」

狩猟者である人間がいなくなったために被災地ではイノシシが大量に繁殖し、家屋を荒らしている。私もこれまで、福島第一原発周辺でイノシシの被害にあった家々を多く見せてもらった。あちこちにフンが散らばり、家具はぐちゃぐちゃにされる。足の踏み場もな

イノシシに荒らされた柴田さんの両親の自宅

い。「終《つい》の棲家に」と建てた家がそうなるのは何としても防ぎたい事態だろう。

一方で、隣には柴田さんの両親の平屋建ての家があったが、居間のガラス戸は大きな穴があいていて、玄関のドアは外側に開きっぱなしだ。イノシシが居間のガラス戸を突き破って中に入り、玄関ドアに突進して出ていったようだ。中をのぞくとテーブルがひっくり返り、奥にはタンスが床に倒れているのが見える。足を踏み入れることもできない。壁はなくなり、部屋の奥には外の藪がそのまま見える。

柴田さんは悲しげにこう話した。

「壁ぶちぬいて……。怖いね。イノシシが全部突き破って。将来的に除染されれば私も帰りたいですけど、山は除染しないから山から放射性物質が飛んでくる。親だけ我儘《わがまま》で戻れても子どもたちは来ないし、呼べない。解除されても、私も毎日住もうとは思わない」

両親、自分たち夫婦、長男、長男の子どもたち……。大家族で安心して長く過ごせる場所を、柴田さんは作り、将来の構想も描いていた。しかし、その構想は壊されてしまった。

2時46分で止まったままの掛け時計

柴田さんの家の敷地内の変化はイノシシによる被害だけではない。夏季にアブが大量に発生するようになった。今回訪れた際、アブがトラックを囲み、降りることができなかった。アブは熱に寄って来るため、フロントガラスにも張り付いている。体長は２〜３センチ以上はありそうだ。

アブは木や草の葉の裏に卵を産み付ける。畑があった敷地がうっそうとした茂みになったことが大量発生の原因だという。私たちは２０２１年夏にも訪れているが、同様にアブに囲まれ、車外に出ることができなかった。

ただ、アブの発生時期は９月ごろまでで、秋にもなれば被害に遭うことはない。

中の状況を見せてもらいたいと、前回は秋に訪れた。２０２１年11月７日のことだ。

柴田さんはカギを開けると、イノシシ除けのベニヤ板をまたいで自宅に入った。居間も子ども部屋も台所も、天井のあちこちにクモの巣がかかっている。

客間の高い場所には、紋付き袴の男性や着物姿の女性の写真が並んで飾られていた。

「土地を拓いた祖父や祖母たちです。この家は、祖父がうちの土地で育てたスギやマツ、クリの木で建てました。何十年も住んだ場所は、やっぱり落ち着く。じいちゃんから親、親からおれと続いた家を、本当は息子につなぎたかったけど、かなわないわね。奥さんと『先祖に見守っていてもらいましょう』と言いあって、写真はそのままになっています」

居間の中央にはこたつがあった。天板がクリーム色の優しい色合いだ。

「うちの（敷地の）木を切って炭焼きで木炭にして、こたつの中に入れてました。すごいあったかい。足を入れると体がぱーっとポカポカする」

居間には他にも黒く四角い掛け時計がかけてあった。地震があった2時46分で止まっている。さらに月めくりカレンダーは２０１１年3月のままだ。

居間から移動すると、奥の長女の部屋にはハンガーにかけられたセーラー服の夏服と冬服があった。

柴田さんが「あっ」と声を上げ、紺色のファイルを手にする。卒業証書だった。

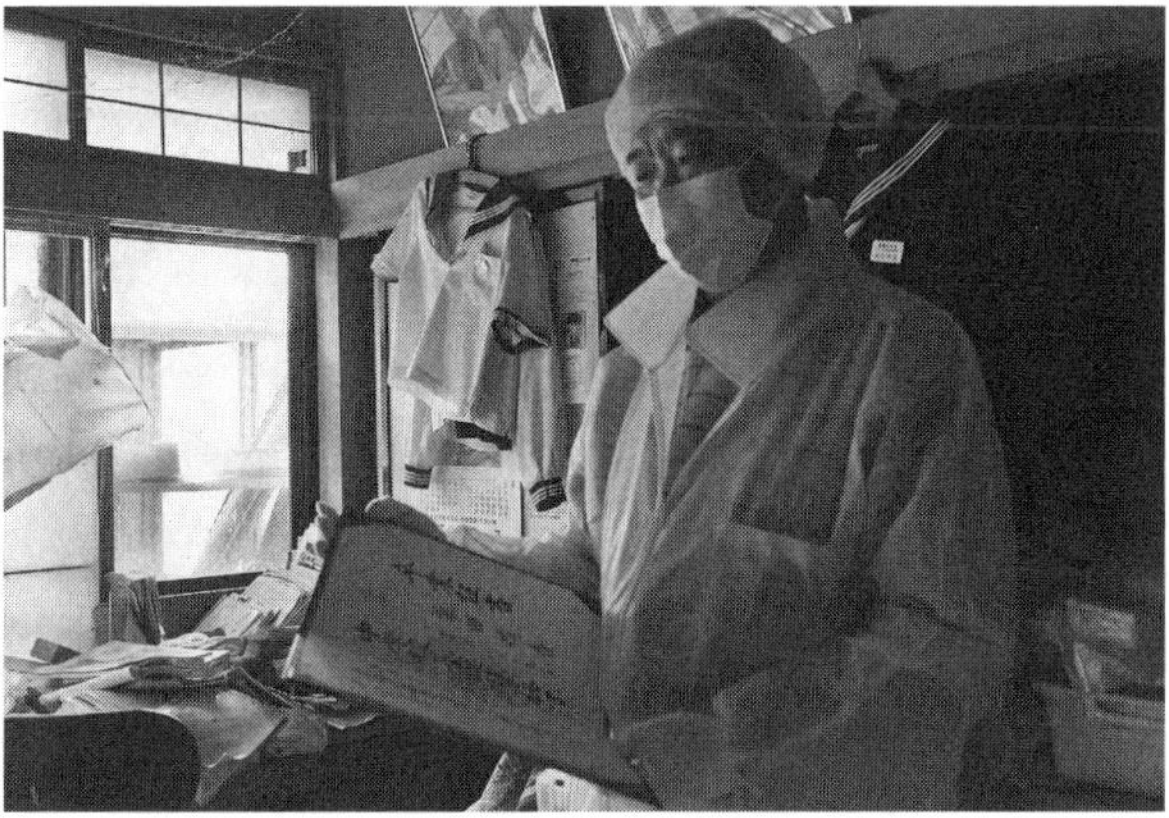

長女の卒業証書を見つける柴田さん

「3・11は長女の中学の卒業式だったんだよね。『夜はみんなでお祝いしようね』と言っていたんだ」

卒業式のその日、原発事故で一家のそれぞれの人生は大きく崩れた。そして、柴田さんが、「山菜をとってきて近所でお互いに交換してね。そういうのがすごく楽しみだったんだ」と語る地産地消の豊かな暮らしが戻ってくることはなくなった。

「放射能を浴びてきたんだから寄ってくるな」

浪江町は福島第一原発から一番近いところで4キロ、遠いところで30キロ離れている。政府は2011年3月11日午後7時3分に原子力緊急事態宣言を発令。午後9時23分に半径3キロメートル圏内に避難指示を出し、翌12日午前5時44分に原発事故での避難指示を10キロ圏内に拡大した。10キロ圏内は、浪江町役場、町の中心部が含まれる。これを受けて、浪江町は、住民たちに津島地区への避難を呼びかけた。

原発から28キロの柴田さんの家は、浪江町の中心部から避難してきた親戚たちを受け入れ、避難所の体育館におにぎりなどを差し入れた。

しかし、相次いで原発が水素爆発し、放射線量が上がって状況が悪化すると、町は15日に津島よりもさらに原発から離れている二本松市へ避難することを決めた。

当時、原発から北北西にある浪江町津島方面に風が吹いたため、浪江町中心部より津島地区のほうが汚染がひどかったことがのちに発覚した。中心部は6年後の２０１７年3月末に避難指示が解除されたが、津島地区はより放射線量が高いため、解除されないままだ。

柴田さんは言う。

「原発事故直後は避難者を助けなきゃならない側だったんだよね。自分たちは助けていて避難できず、余計に被曝をしたと思う」

柴田さんに津島地区を案内してもらった。軒先の赤いテントが垂れ下がって落ちた商店、窓ガラスがいくつも割れている店舗兼住居――。

事故前の地区人口は約１４００人だった。小学校と中学校、高校も揃っていた。

津島小学校は3階建てで、事故当時に6年生だった柴田さんの次女が通っていた。体育館の横にはバケツがあり、中をのぞき込むと花を育てるのに使っていた小さなシャベル30本ほどが錆びていた。窓から教室をのぞくと、「がっこうはたのしいよ」「こんだて表」「学級の係」などと書いた紙が貼ってある。別の教室では、薄い桃色の造花が3本、下に落ちていた。十年の年月は造花も枯れさせるのか。

「校庭では毎年、小学校と中学校、高校の保護者対抗のソフトボール大会をやっていたんです。お母さんたちは体育館でバレーボール大会。１００人近くの大人が参加していました。大会前から盛り上がったなぁ。子どもたちは『地域全体の子どもたち』だったんですよ。子どもが歩いていれば、『どこどこの家の子だ』って会話になる。うちの息子が乗用車を運転していて津島地区の人の車に軽くぶつかって、キズをつけてしまった時も『柴田さんのうちの子か。じゃあ、もう行っていい』と許してもらって、そのまま帰ってきました。今はみんなばらばら。孤独です。地域も、家も、畑も、仕事もすべて失った。失わなかったのは家族だけです」

原発事故後、浪江町役場は福島県・中通り地区の二本松市に移った。プレハブの仮設住宅も二本松市内に次々と完成した。高校も市内で再開することになった。柴田さん一家は栃木県の親戚宅での避難生活を経て、二本松市に移った。６月には家族９人が３つの仮設住宅に分かれて入居した。

柴田さんは、仕事と家を失ったうえに、「住宅ローンなどの残債が６００万円以上ある」と途方に暮れた。さらに心を痛めたのは子どもたちが置かれた状況だった。

二本松市の中学に入学した次女は、同じ浪江町出身の友だちが級友から、「放射能を浴びてきたんだから寄ってくるな」とばい菌扱いされていることにショックを受け、不登校になった。柴田さんは、「このままでは家族も守れない」と不安を募らせた。

その夏、柴田さんは役場で倒れて救急車で運ばれた。メニエール病と診断され、右耳が聴こえなくなった。めまいもひどく、部屋にこもる時間が増えた。やがて、今度は双極性障害（躁うつ病）と診断された。医師からは避難生活が原因と言われ、医師の意見と診断書を添えて東電に賠償請求したが、拒否された。ほかにも腸内環境が悪化し、通院している。

柴田さんだけでなく、被災者の精神状態は深刻だ。

福島県は、避難指示が出た12市町村などの住民約20万人を対象に健康調査を行っている。原発事故当初は重度精神障害相当になった人の割合が１４・６％（８７１７人）で、被災していない一般の人たちの３％に対して5倍近くの値だった。それから3年間は減少し、その後も緩やかに減少してきたものの下げ止まり、２０２０年に実施した調査では５％（１４６３人）、２０２１年の調査では５・２％（１６０８人）と前年より増えた。

柴田さんは、妻らの支えで生活を少しずつ立て直した。「家族みんなで住める場所を」と市内の築66年の中古住宅を購入して、大掛かりなリフォームを施した。東電が月10万円の慰謝料を支払う仕組みがあったが、住宅資金は、夫婦と両親への慰謝料では足りず、子どもたちにお願いして彼らの慰謝料もあてた。

だが、東電からの慰謝料の支払いは２０１８年3月で終了した。貯金は減る一方となり、働かざるを得なくなった。柴田さんは難聴やめまいをおして、建設会社でアルバイトをした。50代という年齢のせいで、正社員の職は見つからなかったのだ。避難でこれまで積み上げてきたキャリアが突如途切れる。年齢がネックになった。

柴田さんはアルバイト先で、年上の同僚に慰謝料のことを「毎月10万円もらっていいな」と、からかうような口調で何度も言われた。「おごれ」と言われることもあった。

故郷や日々の暮らしは、金銭に換えられるのか。いったい、いくらだと言うのか。

この時点ですでに慰謝料は支払われていないことを柴田さんは話していたので、それをわかった上での発言かと、よけい腹立たしい思いだった。

柴田さんはぐっと我慢した。しかし、あるとき、休憩時間にまた同じことを言われた。

このときは2人きりでほかの人たちがいなかった。チャンスだと思い、柴田さんは言い返した。

「おれ、あんたに10万払うから、仕事辞めて、家捨てて、全然知らない所で暮らしてみろ。そうすっとわかるから。生活できるんだったら、してみたら」

同僚は、はっとした表情で「仕事も失うのか。それじゃ無理だな……」とつぶやいた。

それ以降、その同僚は何も言わなくなった。

柴田さんは言う。

「賠償金のことを言ってくる人は、故郷や仕事を一度に奪われる状態がどんなものか、想像ができないんだ」

2022年8月、柴田さんは震災前に勤めていた砂利製造会社の上司に声をかけられ、別の事業所に復職した。前の事業所と違って車で片道1時間かかるが、20年もやっていた手慣れた仕事だ。後輩たちに「こんなにできる人が来たんですね」と喜んでもらえたうえに、同僚に津島の人たちが数人いる。以前の職場のように冷ややかな視線はない。

柴田さん夫妻

ただ、柴田さんが悔しく思うことはあった。社長にこう言われたのだ。

「柴田君。事故がなくて勤め続けていたとしたら、所長クラスぐらいになって、給料は倍ぐらいになってたと思う」

失われた11年の月日があれば、いまは所長として倍の給料でやっていけていたはずなのに、という悔しさと怒りが柴田さんから伝わってくる。私は尋ねずにいられなかった。

「原発事故で奪われたものを１００としたら、いま戻ったのはどれぐらいですか？」

「10もいっていない。会社に戻れただけ。あとは何にも戻ってきていない。津島は良かった。お隣さんと味噌汁が冷えない距離で、『こんにちは』と言った時にはもうお隣さんの家の戸をあけて中に入っているという関係は、死ぬまでない。いまは隣近所や、友達とは高速道路を使って会いに行く状態になってしまった。かけがえのない暮らしを失った」

「災害公営住宅」に移住者？

復興は明るいニュースとして全国に発信されることが多い。ＮＨＫが２０２３年３月18日に津島のニュースをこう報じている。

〈「福島　浪江町　災害公営住宅完成で入居準備　31日に避難指示解除」

東京電力福島第一原子力発電所の事故によって出された避難指示が今月31日に解除される福島県浪江町西部の津島地区に災害公営住宅が完成し、入居予定の住民が引っ越し作業をしました。

完成したのは浪江町が津島地区の役場支所の隣に整備を進めていた10戸の災害公営住宅です。

18日は完成式が開かれ、吉田栄光町長から福島市内で避難生活を続けてきた入居予定の石井絹江さんに鍵が引き渡されました。

浪江町は面積のおよそ8割が「帰還困難区域」になりましたが、国はこのうちおよそ

４％に当たる津島、末森、室原、大堀の４つの地区の「特定復興再生拠点区域」で、今月31日に避難指示を解除することにしています。
完成した災害公営住宅には帰還する住民や新たに移住する人が住む予定です。
新居に荷物を運び入れた石井さんは「浪江町から避難し、12年間待ち続けていたのでうれしい。生まれ育ったふるさとの空気はやっぱりあうなと思いました」と話していました〉

映像には白く美しい壁の新しい平屋建ての住宅が並び、入居した石井さんが、「解除が待ち遠しいですね」と話している姿が映し出されていた。

柴田さんと私はこの住宅に向かった。放送から４カ月以上たっていた。

津島地区ではサーベイメーターのアラーム音が鳴り続いていたのに、新しい住宅がある一角に入ると鳴りやんだ。新しく舗装をすると放射線量が低減されるためだ。

10戸並んでいる新しい家のうち、５戸の駐車場に車が止まっていた。

石井さんは、柴田さんと旧知で、笑顔で椅子を勧めて、お茶を出してくれた。

「津島の空気はいいです。鳥の声が聞こえる。買い物も、移動販売車がきてくれます」

テレビで彼女が話していた言葉と同じだ。私は尋ねた。

「週に何日ぐらいこちらにいらっしゃるのですか」

「週２日ですね。いつもは避難先の福島市にいます」

「もともと住んでいた方で、いま毎日、こちらに住んでいらっしゃるのは何人ですか」

「１人です。あとは移住してきた方です」

ＮＨＫでは「災害公営住宅」と報じていた。災害公営住宅の対象は「災害により住宅を失い、自ら住宅を確保することが困難な人」である。移住者がいるとはどういうことなのかと、町のホームページをみると、「福島再生賃貸住宅」と表記され、住民の帰還と新規移転者の移転を促進するために町が整備した住宅となっている。移住者のための住宅でもあったのだ。町に問い合わせると、ＮＨＫが間違いとのことだった。２０２３年９月時点でこの住宅に常に住んでいるのは５世帯６人。うち４世帯は移住だった。津島地区で人が住んでいるのはこの町営住宅だけだという。

この住宅の一角を出て、近くの津島地区の中心部に行くと、サーベイメーターがまた鳴り出した。毎時０・３マイクロシーベルトを超えている。

かつての中心部には朽ちた建物が並んでいた。避難指示解除前の２０２１年に来た時とほとんど変わっていない。一部、畑が作られていたり、解体工事中の場所もあったが、食堂は壁の半分ほどがのびた雑草で覆われており、スーパーのガラス戸は老朽化が進み、誰もいない。道には人の気配がない。警報音だけが響く。数百メートルの距離なのに、あの真新しい町営住宅の一角と比べると対照的だ。

柴田さんは両手を広げて言った。

「見てください。これが現実。ゴーストタウン。旅館や商店が並んでいても、医者もいない。買い物ができるところもない。ガソリンは20キロ離れた浪江町中心部に入れにいかないとならない。移住者数名。役場から数人が通いで来ているだけで、警察もいない、消防もいない。でも復興拠点。それが現実です。青木さん、避難解除されただけの場所で暮らせますか？」

日中通勤してきている役場職員は3人、警察も夜間は常駐していない。1400人いた山の中の地域で、いま、常に住んでいるのは6人だけだ。

私には、かえす言葉がなかった。

50％が浪江町に戻らないと決意

浪江町に住民票があった1万9343人のうち、町内に戻ったのは7％の1386人にとどまる（2023年9月30日現在）。しかし、避難指示が解除されれば、たとえ戻らなくても元の家や土地の固定資産税がかかるようになり、避難生活はより苦しくなる。

浪江町中心部の避難指示が解除されているにもかかわらず、なぜ戻らないのか。政府と県、町の調査（2022年11〜12月）では50％が戻らないと決めていると回答している。

理由（複数回答）は、「すでに生活基盤ができているから」（52・2％）が最も多く、「元の住家を解体しており、戻る家がないから」が49・7％、「避難先の方が生活利便性が高いから」（43・0％）、「医療環境に不安があるから」（39・3％）と続く。帰還するか否か判断がつかない人の理由の最多は「医療環境に不安があるから」で62・6％にも上った。

実際に医療環境は、原発事故前には町内に1病院と13診療所があったのに対し、いまは町立の診療所1つが平日の日中にやっているだけだ。浪江町に戻った男性は、仕事で足を切ったが、町内ではなく、北の南相馬市内の市立総合病院に行かざるを得なかった。

周囲の地域でも同様だ。福島県富岡町の70代女性は、夫とともに東京都内の国家公務員宿舎に避難していた。自宅は帰還困難区域だったが、政府と県が、富岡町、浪江町など4町村の住民への避難先住宅の提供を2020年3月で打ち切ると決めた。

帰還困難区域が解除されないため、家には帰れない。国家公務員宿舎の近くに住むところを探したが家賃が高すぎる。女性は、富岡町の避難指示が解除された別の地域に家を建てて住むことにした。その理由の一つに、庭造りが好きだった夫が再び草木を育てられるようにという思いがあった。女性は、元の自宅から2キロほど離れた場所に平屋を建てた。

「福島県職員から『いつ引っ越しますか』と電話が何度もきて、せかされるようでした」

　女性は２０１９年10月に戻ることにした。夫には「10年、一緒に頑張ろうね」と言い、私にはこう語っていた。

「青木さん、富岡に遊びに来てね」

　女性の声には、期待がこもっているように感じられた。

　私は浪江町を取材した合間に、何度か富岡町まで向かおうとしたが、除染で取り除いた汚染土を運ぶトラックで道路が渋滞していて、行き来に時間を要してしまい、時間切れで途中で引き返すことになった。

　ようやく再会したのは２０２１年3月11日だった。真新しい平屋建ての家。玄関に出てきた女性は、泣きそうな顔をしていた。

「あれから、いろいろ変わってしまって……」

　そして、話しているうちに本当に泣き出してしまった。いったい何があったのか。奥を見ると仏壇があった。年配の男性の遺影がある。

「あれ、旦那さん……」

「そう……」

　女性の目から涙がぽろぽろ流れた。

　この家に引っ越したものの、夫は、「おれは１人で元の家で暮らす」、「ちょっと行ってくるから」と自宅を求めて徘徊するようになった。前述したように帰還困難区域は、事前に許可を取らないと入れない。夫は認知症になっていた。夫は「（一緒にいないと妻の）顔を忘れちゃうから」と女性が近所に買い物に行く際にも必ずついてくるようになった。

　そして、２０２０年７月、夫が起きてこないので女性が声をかけると、頭痛があり、立てないようだった。救急車を呼んだ。

　震災前は、近くに双葉厚生病院などの大きな総合病院があったが、原発事故の影響で再開する見通しはない。救急車を呼んでから北に33キロ離れた南相馬市の市立総合病院で治療を受けるまで、１時間半かかった。夫は意識が戻らないまま、３日後に病院で亡くなった。脳出血だった。

　女性は、「目の前に自分の家があるのに、戻れないストレスが大きかったと思う。10年頑張ろうねと言ったのに、たった1年で亡くなってしまいました。私が『富岡に戻る』と決めなければ……」と、とめどなく涙を流し、ハンカチで目をおさえた。

私は、じっと仏壇に手を合わせることしかできなかった。

避難指示解除後に戻る人たちは高齢者が中心になっている。しかし、病院に加え、介護施設も元に戻っていない。私は女性のもとを辞去したあと、同じ富岡町内の92歳の男性に会いに行った。

住宅提供打ち切りで、夫婦で元の家に戻ったが、妻が寝たきりの認知症になり、一人で介護に追われていた。入所施設は定員5人で空きがなくて入れず、デイサービスに通っているが、夜は厳しい。

「おむつを替えるたびに暴れるんです。自分の方が先に体力が尽きるかも……。長女は息子二人が独立したのでこっちに帰って面倒を見ると言っているんですけど、『来なくていい』と言っています。町は男性作業員ばかりになり、女性が一人で住める環境じゃない」

男性は疲れ切った表情で話していた。私が帰ろうとすると、「近所の人はほとんど戻っていない。一日中、誰とも話さない日もある」と、玄関で名残惜しそうに何度も呼び止められた。後ろ髪をひかれる思いでその場を後にした。

14歳の中学生が自死

高齢者ばかりではない。福島県による被災者の健康調査では、高齢者より若年者のほうが重度精神障害相当の割合が高くなっている。一般の人たちを対象とした調査とは逆だ。

２０２１年の調査結果では、「16歳〜39歳」が8・5％、「40歳〜64歳」が6・0％、「65歳以上」が4・1％だった。被災していない一般の平均は約3％で、被災者のいずれの年代もこの数値よりは高いが、若年層に至っては3倍近くとなる異常な差が出ている。

２０１７年6月には、南相馬市から新潟県に避難した14歳の中学生が自ら命を絶った。政府と福島県は、政府が避難指示を出さなかった1万２０００世帯に対し、富岡町よりも3年早く避難先住宅の提供を打ち切った。このため父親が出稼ぎに出ざるを得なくなり、別居することになった。自殺したのは、父親の出勤初日のことだった。父親は「おれがそばにいれば」と繰り返し、悔いている。相馬市の精神科クリニックの院長、蟻塚亮二医師は「若者が死にたいと言ってくるケースが増えている。行政が対策しなければならない」と警鐘を鳴らす。

政府が避難指示解除や復興イベントを進めるなか、「現地は今は、落ち着いてるんですよね?」、「復興五輪もやったし、もう復興したんでしょう」と言われることが多くなった。しかし、こうして困窮し、涙している人たちの実態は知られていない。

第2章　原子力専門家の疑問

原発は「期待は大きいが、不確実性も大きい」

原発事故当時の状況が、急速に忘れ去られていっている。しかし、世界で最も深刻とされるレベル7（国際原子力・放射線事象評価尺度）の事故を風化させてはいけない。あのとき一体何が起きていたのか。失敗から学ぶべき教訓や課題は何なのか。当時、政府側にいた専門家らに聞いた——。

内閣府原子力委員会委員長代理の鈴木達治郎氏（事故当時59）は、震災が発生した午後2時46分、六本木でシンポジウムの司会をしていた。東京23区は震度5強。壇上ではオランダの研究者が話しているところだった。オランダには地震がほとんどなく、彼は顔面蒼白だった。震源が三陸沖だとわかると、鈴木氏は「原発が危ないのでは」と懸念した。

鈴木氏は東京大学工学部原子力工学科を卒業後、原子力政策を学びに渡米し、米マサチューセッツ工科大学の修士課程を修了するなど計12年間にわたって、アメリカで研究してきた。原発については、かねてから「副作用が多い薬のようなものだ」との懸念を抱き、「期待は大きいが、不確実性も大きい」と公言してきた。

鈴木氏が委員長代理を務める原子力委員会は、原子力の研究、開発、利用が担当で、事

鈴木達治郎氏

故対応は原子力安全委員会が担う。」とはいえ、鈴木氏は原発が心配になりシンポジウムを別のメンバーに託し、霞が関の職場を目指した。

原子力委員会がある合同庁舎に到着すると、エレベーターは地震で止まっていた。ビルの外に出ている職員たちもいた。ブロックが欠けていたり、床がずれていた。階段をあがって7階の執務室に戻った。部屋に着いて時計を見ると午後4時になっていた。事務局職員からは、「原発はシャットダウン（緊急停止）して問題ありません」と報告があった。職員たちは、事故が所管外だったため帰宅することになり、鈴木氏も職場をあとにした。

午後7時頃に自宅に着き、テレビをつけると、福島第一原発が電源喪失して冷却装置が止まり、政府が「原子力緊急事態宣言」を出したと報じられていた。

原発内の核燃料を冷却できなければ、核燃料が溶け出す炉心溶融が起こり、大量の放射性物質が放出される大事故になる。

「炉心溶融は起こっていないのですか」

鈴木氏は自宅から事務局にメールを送った。連絡はメールですることになっていたのだ。事務局からは、「確認取れていません」という返信だった。

炉心溶融を起こした大きな事故は、米スリーマイル島（１９７９年、レベル５）、旧ソ連のチェルノブイリ（１９８６年、レベル７）の２件だ。鈴木氏は「スリーマイルで冷却装置が動いていなかった時間は２時間程度。（福島第一原発は）すでに３時間になっている」と焦った。

事務局から１時間おきに連絡をもらうことにした。

政府は午後９時23分に、原発から半径３キロメートル圏内の地域に避難指示を出した。午後11時には事務局が鈴木氏に、「東電がファックスを送ってきました。炉心溶融可能性大です」とメールしてきた。東電は、炉心損傷開始予想が午後10時20分頃、ＲＰＶ（原子炉圧力容器）破損は午後11時50分頃と、伝えてきていた。

「深刻だ。避難指示は3キロ圏内で大丈夫か。早く10キロ圏内に広げたほうがいい」

核燃料を冷やすことができなければ核分裂による熱が発生して、格納容器内の圧力が高まり、爆発する可能性がある。そうなれば大量の放射性物質が放出されてしまう。

こうした最悪の事態を避けるためには、圧力を抜く「ベント」をしなければならない。ベントは格納容器内の気体を抜く作業で、放射性物質を含んだ水蒸気などが放出されるが、格納容器の爆発は避けられる。

危機感を募らせていた鈴木氏だったが、12日未明に事務局から、「ベントをする予定」と聞いて、少し安心し、仮眠をとった。

「20代、30代だけでも免震棟にあげろ」

ところが、ベント作業は進まず、12日午前5時44分、政府は住民への避難指示を3キロ圏内から10キロ圏内に拡大した。その理由として、原子力安全・保安院は、１号機原子炉建屋の中央制御室の放射線量が１０００倍となったことを挙げた。

その中央制御室では、東電の20代の男性社員が12日朝から待機し、本部の指示を待っていた。

男性は、11日の地震のときも勤務中だった。地震後、原発に異常がないか、懐中電灯を手に建屋へ入って点検していたところ、津波に襲われた。腰まで水につかりながら逃げて、中央制御室に戻ってきた。そのあとも格納容器内に水を入れられないか、電源がどこかにないかと探し回っていたため一睡もしていない。

中央制御室には、非番や夜勤だった職員も早くから駆けつけ、30〜40人は集まっていた。しかし、朝が来て、昼も過ぎたが、一向に本部からの明確な指示が出されることはなかった。膠着状態に置かれた男性社員の不安は募るばかりだった。

「チェルノブイリと同じになるんじゃないか」

「圧力容器のふたが吹っ飛ぶんじゃないか」

最悪の事態が頭をよぎる。一方で、藁にもすがる気持ちで願うことしかできなかった。

「なんないだろう。なんなきゃいいな」

「これだけ技術力がある時代だ。東電の技術ではダメでも絶対何か方法がある」

そのとき、突然耳をつんざくような轟音が響いた。午後3時36分だった。激しい揺れに襲われ、天井の照明パネルが外れた。

「すんごい音だ、まるですぐ自分の横で火が出たようだ」

男性社員はそう感じた。地震の揺れとも全然違った。

「おかしい。これで自分は死んだな」

中央制御室には窓がなく、外の様子が見えない。すぐに固定電話が鳴った。上司が電話を取る。電話の内容は曖昧なものだった。

「(ライブ映像を) テレビで見ていたけれど何が起きたかわからない。1号機から原子炉が見えないぐらい煙が上がってる」

男性社員は思った。

「お釜（原子炉圧力容器）が吹っ飛んだんなら、俺も死ぬんだろうな」

さらに、「1号機が骨組みだけになっている」という情報も入ってきた。水素爆発か、水蒸気爆発か。男性社員は、作業していた社員や作業員たちの身を案じた。

それでも中央制御室でじっと待機するしかなかった。何もできなかった。指示がないまま時間が過ぎていくだけだ。本店（東京の東電本社）も免震重要棟の緊急時対策本部も、チェルノブイリのことが浮かんで何もできないのだろうかと思った。

爆発してから2、3時間経ち、年配の社員が、「20代、30代だけでも、ここにいさせないで免震棟にあげろ」と声を上げた。免震重要棟は原子炉建屋から数百メートル離れた位置に建っていた。

年配社員の提案によって、中央制御室にいた30～40人のうち、当直長、副長、主任らは残り、若い副主任、主機操作員、補機操作員20～30人が免震重要棟に向かうことになった。車やバスは津波をかぶり、すべて使えない。全面マスクと、B装備（薄い作業服）、手袋で全身を覆った若い社員たちは1、2号機になるべく近づかないように遠回りのルートで1キロほど走った。全面マスクで息苦しく、見えない放射線の恐怖を感じながら、ひたすらに免震重要棟を目指したのである。

ようやく免震重要棟にたどり着くと、「別世界に来た」と思った。電気がついて室内が明るい。テレビもパソコンも使えた。非常用発電機が生きていたのだ。その後、彼らは免震棟でひたすら待機することになった。

一方、1号機では午前4時頃から消防車が原子炉への淡水注入作業を始めていたものの、注水と中断を繰り返していた。淡水が減り続けるなか、緊急時対策本部を指揮していた吉田昌郎所長が海水注入に切り替える判断を下し、午後7時ごろから実行された。

4号機の核燃料1535本が危機に

前出の鈴木氏は、1号機の爆発を自宅のテレビで見ていた。

1号機の爆発が全国放送で流れたのは爆発から約1時間後の午後4時49分で、女性アナウンサーが、「ご覧頂いているのは午後3時36分の福島第一原発の映像です。水蒸気と思われるものが福島第一原発からボンッと噴き出しました」と伝えた。

鈴木氏は、事務局にメールをしたが、「（格納容器が爆発したのか）わからない」と返信があり、「えらいこっちゃ」と思ったという。また、メールでは、中央制御室にいた40人近い運転員は十数人を残して退避したことや、1号機の爆発の影響で復旧作業が止まり、2、3号機も危なくなっていることが伝えられた。さらに、原子力委員会に出勤しようと思い、事務局に確認したが、「（原子力委員会は）事故対応の責任組織ではないので来ないでください」と言われ、断念せざるを得なかった。

知人の外国人研究者たちからの問い合わせが相次いだ。英語での情報発信がほとんどなかったためだ。鈴木氏は専門家としてできることをやろうと、報道を英訳してＳＮＳで発信しはじめた。多くの反響があった。

1号機の爆発では、原子炉建屋の上部が吹き飛び、格納容器の爆発は免れた。そのため、テレビで「うまいところが爆発した」と、楽観的なコメントをする識者もいた。しかし現実は、2、3号機で危機的な状況が続いている。

政府は12日午後6時25分に、半径10キロメートルだった避難範囲を半径20キロに拡大した。鈴木氏は「さすがに危ない」と危機感を持ち、13日に出勤した。

鈴木氏にはもう一つ気にかけていたことがあった。使用済み核燃料だ。原子炉で使った燃料は、その原子炉建屋内のプールで冷やす。冷やし続けないと、再臨界を起こして放射性物質が放出されるからだ。

特に4号機は数カ月に及ぶ定期点検中で、プールには使用済み核燃料に加え、点検に入る4カ月前まで使用していた高温の核燃料が入っていた。4号機だけで核燃料は１５３５本あり、他の号機の3倍、原子炉でいうと2基分以上も入っていた。もしもプールの水が熱で蒸発してなくなってしまったら、燃料棒が空気中に露出し、大量の放射性物質が出る懸念があった。

そうした危惧をほかの専門家たちも覚えていた。鈴木氏のもとには、「使用済み核燃料プールの状態はどうか」と心配するメールが、11日当初からアメリカの専門家から届いていた。その人物は鈴木氏の恩師の一人で、「使用済み燃料プールのテロ対策」という論文で著名な研究者だ。

鈴木氏は事務局に〝蒸発するまでの時間〟を計算してもらった。「プールの水は入っており、1週間は大丈夫」と返答があり、米専門家に伝えたが、彼は、「プール自体が地震で崩れるのではないか」とも心配していた。

現場でも使用済み燃料の危機は想定されていた。内閣官房の「東京電力福島原子力発電所における事故調査・検証委員会（政府事故調査委員会）」による、東京電力福島第一原発の吉田昌郎所長への聴取にはこんなやりとりがある。

〈（委員会）使用済み燃料プールに対して何らかの手だてを講じなければと思った。

（吉田氏）これは最初から思っていました。（中略）原子炉を何とか制御しなければいけないというのは一番高いんですけれども、当然、燃料プールも冷却ができていないわけですから、使用済み燃料の崩壊熱ですね。温度が上がってきて水が蒸発していくだろうと。

（委員会）3月14日4時8分、4号機の核燃料プールの温度は84度と資料にあるが、その前は測っておられなかったのか。

（吉田氏）測れなかったんですね。たしか人の問題があるし、温度計そのものも生きていないんですね。（中略）何とかして測れという指示はしていたんです〉

その後、鈴木氏らの懸念は現実的な問題として立ちはだかることになるが、4号機をめぐる顛末は後述する。

吉田所長「我々のイメージは東日本壊滅」

鈴木氏が13日に、中央合同庁舎第4号館7階の原子力委員会に行くと、「しっちゃかめっちゃか」だった。前日から原子力委員会事務局が原子力安全委員会事務局を手伝うことになり、職員たちは、7階の原子力委と6階の原子力安全委を慌ただしく行き来した。原子力委の近藤駿介委員長も詰めていた。

細野豪志首相補佐官や福山哲郎官房副長官、保安院や東電の職員なども出入りした。鈴木氏は6階で、班目《まだらめ》春樹原子力安全委員長を見かけることがあったが、寝不足で疲れ切っている様子だった。1号機の爆発や地震が続き、2、3号機の復旧作業は思うように進まなかった。

鈴木氏は、海外から事務局に届いた英文メールへの返信や、委員長代理としての公式メールの対応にあたった。そんななか、高温の核燃料の影響で4号機プールの温度が高く、複数の専門家からプールの状況を心配する声が寄せられた。

だが、当時の新聞は、人々を安心させるような報道も目立った。14日付読売新聞ではこんな解説記事が掲載されている。

〈今回の事故で環境中に放出されている放射性物質は微量なため、政府の発表などでは、マイクロ・シーベルトが使われている。福島第一原発の周辺で13日午後2時前に記録された放射線量は1時間当たり1557・5マイクロ・シーベルト。これに対し、東海村JCO事故で被曝して死亡した作業員が浴びた放射線の総量を同じ単位で表現すれば、1000万〜2000万マイクロ・シーベルトになる〉

14日午前11時1分、今度は3号機が水素爆発してしまう。

鈴木氏は、原子力委の委員長室にいた。近藤委員長やほかの委員も一緒だ。黒い雲が数百メートル上空まで高く上がっていく光景を、福島中央テレビの映像が伝えていた。

「ショックだったね。近藤委員長も呆然と見ておられた。『原子力終わったかな』という感じはあった。どうなっちゃうんだろうと思いました」

3号機の爆発で、2号機内の核燃料を冷やすために用意していた消防車及びホースが損傷し、使用不能となった。そのため、14日夜から翌未明にかけて、2号機の原子炉格納容器で圧力が異常上昇する事態に陥る。

15日午前0時過ぎにドライベント（炉内のガスを水フィルターを通さずに放出する）を数分間試みるものの、圧力の数値は下がらなかった。ベントに失敗したため、格納容器のどこかから放射性物質を含む気体が直接、放出されてしまった。敷地周辺の放射線量が急激に上がった。吉田所長は、2号機の危機的状況に際しての心境を政府事故調査委員会のヒアリングでこう答えている。

「私は本当にここだけは一番思い出したくないところです。ここで何回目かに死んだと、ここで本当に死んだと思ったんです」

「我々のイメージは東日本壊滅ですよ」

この3月15日に福島第一原発から放出された大量の放射性物質は、当初、関東平野にかけて広域に流れ、午後には北西へ向きを変える。夕方に降りだした雨や雪とともに放射性物質が地表に落ち、原発から北西方向へ延びる地帯は、高濃度の汚染地域となってしまったのだった——。

なぜ4号機のプール内に水はあったのか？

前出の20代の東電社員が「別世界に来た」と感じ、身を休めていた福島第一原発の免震重要棟には、事務職員や協力会社社員らもいた。周囲では、2号機の圧力抑制室が損傷した可能性を考え、最低限の人員を残して南へ12キロ離れた福島第二原発に避難するという話が出ていた。

東電社員ほか関連会社などの社員たち約６５０人が15日朝、同僚たちとバスなどで第二原発の体育館へと向かった。20代の社員も避難している。免震重要棟には約70人が残った。そして、15日午前9時頃には正門付近で、それまでで最高の毎時11・93ミリシーベルトのガンマ線が計測された。

4号機の使用済み核燃料プールの状況も深刻な状態が続いていた。燃料は前述したように、以前からプールに入っていた使用済み核燃料と、定期検査中だったために取り出していた核燃料をあわせて１５３５本で、１～６号機のうち最多だった。通常は、プールに水を循環させて40度以下で管理しているが、循環システムを動かす電力を失ったため、14日午前4時8分時点では84度となっていることが確認されていた。鈴木氏は「思ったより高い」と懸念した。

15日午前6時すぎ、今度は4号機が爆発した。数カ月にわたる定期点検中で、発電設備は止まっている状態だったにもかかわらずである。

原子力委員会内は「大変だ」と騒然とした。

「火事？　動いていないのに、どこから火が出ているんだ」

「爆発したみたいだ」

東電が確認したところ、原子炉建屋の5階屋根付近に損傷がみられた。さらに、午前9時38分ごろ、原子炉建屋4階北西部付近で出火が確認された。

使用済み核燃料はどうなったのか。

計器も壊れてしまったようで、温度すらわからなくなった。鈴木氏がいる原子力委員会内では動揺した声が上がった。

「戦争なら相手の出方がわかるが、これでは何が起こるかわからない。戦争より状況が悪い……」

「暗闇で鉄砲を撃っているようだ」

鈴木氏も絶望的な思いだった。

米ホワイトハウス科学技術政策局の職員で旧知の専門家から、「4号機のプールに水は入っているのか」と問い合わせがあり、鈴木氏はこう答えている。

「これだけの爆発が起きたら（水は）アンライクリー（ないでしょうね）」

原子力委員会では、近藤委員長が最悪事態の想定に自主的に着手した。

さらに、米国も反応した。原子力規制委員会（ＮＲＣ）では、在日米軍を関与させて核燃料に砂や泥を投下する案まで議論していたのだ。ＮＲＣのグレゴリー・ヤツコ委員長が16日の米議会の公聴会で「プールに水はない」と発言し、米国は16日付のルース駐日大使の声明で、福島第一原発から80キロ圏内の米国人に避難勧告を出すこととなった。

一方、16日夕方に自衛隊のヘリコプターが仙台から福島上空に飛んだ。東電社員も同乗し、撮影した４号機の映像がその日の深夜、東電本店の会議で映し出された。社員は、「キラッと光って、肉眼だと水面に見える」と意見を述べ、念押しされると「自衛隊の方も、『水面見えましたね』とおっしゃっていました」と興奮した声が響いたという。

なぜ、プール内に水があったのか。

プール隣りの「原子炉ウェル」と呼ばれる空間に水が溜めてあり、そこからプールに水が流れ込んでいたとみられた。プールとの間には仕切り板があったが、プールの水が熱で蒸発して水位が下がったことで、プールと原子炉ウェルの水圧の均衡が崩れ、圧力で優る原子炉ウェル側から水が流れ込む隙間ができたと推測された。

原子炉ウェルは原子炉上部にあり、

燃料交換時にだけ水を溜めて、燃料を水中で移動させるために使う空間だ。つまり、交換時以外には水はないのである。ところが、３月７日までに水を抜く予定だったものが、工事の遅れで水が溜まったままの状態になっていた。

　工期の遅れで水が残り、予期しない理由でプールに流れ込んだ――。偶然が重なった幸運だったのである。

　自主的に最悪の想定を立てていた近藤委員長は、22日ごろに菅直人首相から依頼を受け、25日に「福島第一原子力発電所の不測事態シナリオの素描」を提出した。いわゆる「最悪シナリオ」と呼ばれるものだ。

　シナリオのなかで最も懸念されたのは４号機プールの使用済み核燃料だった。もし今後、１号機の原子炉格納容器内で水素爆発が起きて作業員が退避、復旧作業が止まった場合、14日程度で４号機プールの１５３５本の核燃料から放射性物質が放出される、という想定だった。原発から半径１７０キロ圏内が強制移転、同２５０キロまでが任意移転を認める対象になるとし、この範囲で放射能が自然に減少するには数十年かかる、と記された。

　一方、２号機は、15日に放射性物質を含んだ空気を大気に放出した代わりに圧力が下がり、チェルノブイリ事故のように原子炉そのものが爆発することは免れた。

２号機から放射性物質が放出された理由は、今でもわからないことが多い。格納容器の隙間を塞いでいたシリコーンゴムなどが高温に耐えられなくなり、蒸気が漏れ出た可能性や、圧力抑制室が破損した可能性が指摘されている（２０１６年３月２日付「朝日新聞」より）。

公開が遅れたＳＰＥＥＤＩの予測データ

事故発生から数日後、鈴木氏は、原子力委員会の執務室で資料に目を通していた。ＳＰＥＥＤＩ（緊急時迅速放射能影響予測ネットワークシステム）の膨大なデータだ。時間ごとの画像で１００枚以上はあった。

ＳＰＥＥＤＩは原子力安全技術センター（東京都文京区）が、日本全域を２５０メートル四方に区切り、それぞれの場所に住む人が吸入などで被曝する量を予測するシステムだ。被曝量は、原発の位置、放射性物質の種類や量、放出される高さ、地形などをもとに、最新の風向きや風速のデータを加えて計算される。避難を決定する際の基本情報（原子力災害対策マニュアル）だ。

１１日の地震発生から約２時間後に、原子力安全技術センターは福島第一原発から放出された放射性物質予測について計算を始めた。放射性のヨウ素や希ガスについて、放出量の見積もりを何段階かに変化させて算出している。1時間ごとに2時間後までの被曝予測データを、原子力安全委に報告してきた。

15日には2号機から、午前7～11時と午後1～3時の2回、大量の放射性物質が放出されている。当時のＳＰＥＥＤＩの拡散予測では、放射性物質は全方向に等しく飛散するのではなく、風下へ帯状に50キロメートル以上飛んでいくと分析されていた。しかし、政府は活用せず、15日午前11時に、原発から半径20から30キロの同心円の中の人たちに屋内退避指示を出すのみだった。

鈴木氏は職員に聞いた。

「これは公開しているの」

「していません。取り扱い注意でお願いします」

「早く公開したほうがいいんじゃないの」

ほかの委員からも「遠くに飛ぶという状況を示したほうがいい」という声が上がった。

職員は戸惑った。

「どれを出したらいいんでしょうか」

時系列で１００枚以上ある。鈴木氏は「全部公開したら」と言ったが、職員はこう答えたという。

「全部出しても、どう判断したらいいかわからなくて混乱します。原子力委員会の管轄は事故対応じゃないんです。政府の対策室が決めることです」

鈴木氏は歯がゆさを感じた。

16日からは、原子力委の専門委員（非常勤）を務めていた小佐古敏荘《としそう》東大大学院教授が、菅直人首相に情報提供や助言を行う内閣官房参与に任命され、政府にアドバイスする役割を担った。小佐古氏も、17日にＳＰＥＥＤＩで住民の被曝レベルを予想することを、18日にはＳＰＥＥＤＩに基づいて当初の避難区域の妥当性を再考することを、原子力安全委に求めたが受け入れられなかった（２０１１年7月2日「ウォール・ストリート・ジャーナル」より）。のちに会見で「法令等に定められている手順通りに運用されていない」と述べ、「私がやってきたことからは外れているので、これ以上とどまっている理由はあまりない」と参与を辞任している。

一方、アメリカやフランス、オーストリアをはじめとする諸外国は、気象条件などをもとに、福島第一原発からの放射性物質の影響予測を事故直後から独自にインターネットで公開していた。

市民や専門家から「日本も早く予測結果を公表すべきだ」という声が上がり、3月23日になってようやく原子力安全委が公開することになった。

その内容は、原発から北西と南の方向に放射性ヨウ素が飛散し、最も影響を受けるケースだと、30キロ圏外でも12日間で100ミリシーベルトを上回り、甲状腺の内部被曝を起こす可能性がある、というものだった。試算方法は、12日午前6時から24日午前0時までずっと屋外で過ごしたという最も厳しい条件で、各地のモニタリングのデータなどをもとにヨウ素の放出量を仮定、ヨウ素の影響を最も受ける1歳児の甲状腺の内部被曝量で割り出している。

試算によると、一日じゅう屋外にいた場合に内部被曝が12日間で100ミリシーベルトに達する可能性がある地域には、原発の北西にある福島県南相馬市や飯舘村、川俣町のほか、南に位置するいわき市などの一部が含まれていた。100ミリシーベルトは、甲状腺被曝を低減させる安定ヨウ素剤を飲むかどうか、重要な判断材料の一つだ。屋内にいた場合は、被曝量はこの4分の1から10分の1程度に減るという。

公表した原子力安全委の班目委員長らは、「(一日じゅう外にいた場合という) 非常に厳しい条件を想定した。ただちに対策を取る必要はない」と述べている。公表が遅れた理由については、放出源がどうなっているか、どの放射性物質がどれだけ放出されたかが分からなかったことを挙げた。

知らずに町民を津島地区へ避難させた浪江町の馬場有《たもつ》町長は5月20日、福島県の担当課長に「これは殺人罪じゃないか」と強く抗議したという（2011年10月6日付「朝日新聞」より）。浪江町津島地区の柴田さんも「私たちは、町が避難住民の受け入れ先に津島地区を指定したため、被曝していると知らずに長く津島地区にとどまった」と話していた（第1章参照）。

政府は4月11日になって、北西方向で20キロ圏外にある飯舘村や葛尾村、南相馬市の一部など5市町村に対しても5月末までに住民避難を求めることにした。対象は約3000世帯、計約1万人とされた。

がんの労災認定はわずか11人

前出の20代の東電男性社員は、ほかの社員らと同様に福島第一原発から第二原発に退避していたが、帰宅の指示が出され、いったん家族のもとに戻った。その後、3月下旬に再び東電から福島第一に戻るよう求められた。母には「行くんじゃない」と止められたが、「生まれてから二十数年、自分が過ごした故郷の被害を何とか最小限におさえたい」と思い、福島第一原発に向かった。現場に入ると、男性は作業員のタイベックスーツ（防護服）やかっぱを脱がす手伝いをしたり、機器のスイッチを操作する仕事をした。

同僚2人が行方不明になっていた。地元・双葉郡出身の小久保和彦さん（24）と、青森県むつ市出身の寺島祥希《よしき》さん（21）だ。自分たちが指示されたタービン建屋内に入ったのとほぼ同じタイミングでタービン建屋を見に行った一組だ。彼らが行かされたのは4号機だった。だが、1、3、4号機の爆発や放射線量の上昇で、ダイバーによる捜索が遅れていた。

3月30日、2人は4号機タービン建屋の地下で、遺体となって見つかった。死因は多発性外傷による出血性ショックだった。

3、4号機の放水口は海に近く、消波ブロックもない。だから2人が建屋地下に入ったときに、津波で入り込んだ海水が放水口から急激に逆流したんだ、と思った。

寺島さんは、3月11日の地震直後に実家に電話をかけ、母親（44）と話していた。「こっちは大丈夫。そっちは大丈夫なの？」、「発電所は大丈夫。動いている電源もあるし」と、心配する家族を元気な声で気遣っていたという（２０１１年４月５日付「朝日新聞」より）。この電話のあと、寺島さんは建屋に入り、津波に襲われてしまった。

男性社員は３・11からの数日間を振り返ってこう言った。

「あそこまでなると思っていなかったんですよ」

小さいころから原発のＰＲ館に行き、原発は安全と習ってきた。何か絶対方法があるはずだと思っていたが、何もできないまま爆発が相次いだ。

「海のそばに家がある人は帰ってしまって人数がいなかった。協力会社もいない。人数が足りないことがわかってる。だから自分たちでどうにかするしか。帰りたいという思いもあったけれど、自分たちがいないと、と思ってどうにかとどまった」

いざというとき、線量が高くなったとき、誰が踏みとどまって事故対応にあたるのかという重い問いをこの原発事故はつきつけた。

私は男性社員に尋ねた。

――現場では、メルトダウン（炉心溶融）、メルトスルー（溶融貫通）しているんじゃないかとか、もうすぐ爆発するんじゃないかとか、そういう情報はありましたか？

「一切ありませんでした」

東電は危険を認識していた。3月11日午後9時15分に東電が原子炉の状況や事業者の措置等を報告するために作成した「異常事態連絡様式　第15条6報」によるとこう記されている。

〈2号機のＴＡＦ（筆者注：燃料頂部）到達予想は21時40分頃と評価しました。炉心損傷開始予想：22時20分頃、ＲＰＶ（同：原子炉圧力容器）破損：23時50分頃〉

ＴＡＦ到達予想とは、原子炉水位が炉心の燃料棒の上端位置まで下がることを意味する。東京にいた鈴木氏にも伝えられていたものだ。現場には伝わっていなかったということか。

「会社は利益、利益、利益ですよ。こんな危ないものをつくって、社内に原子力や火力の技術を持つ専門の人はいても、地震や津波の研究をしている人はいない。結果的に警笛を鳴らす学者の意見を無視してしまった。なぜちゃんとしなかったのかわかりませんよ。父親も『損するのは現場なんだよな』と言ってます」

男性社員は福島第一原発で作業にあたった4カ月で、計80ミリシーベルト以上を被曝したとされた。事故前に1年で通常浴びていた量の26倍だった。しかも線量計が津波で流されてしまい、事故直後は線量計をつけずに働いたため、被曝線量は測定できていない。80ミリシーベルトはあくまで推計だ。なお、3月末まで、同様に延べ３０００人が線量計を持たないまま働いていた。

さらに、東電は作業班の代表者だけにＡＰＤ（警報付き個人線量計）を持たせ、その被曝線量を作業班全員の被曝記録とみなした。だが、代表者と10メートル以上離れて作業したという証言もあり、被曝記録が不確かな人が相当数いるとみられる。男性社員は、「班長は放射線量が低いところにいた。班長の線量が班の全員の被曝線量とされた。明らかに低い。おかしい」と話していた。男性社員は悲嘆に暮れる。

「将来、結婚もしたいし、子どもも欲しい。心配です。会社に転勤したいと言いましたが、『まだ１００ミリシーベルト（原発の緊急作業にあたる作業員らの被曝線量の上限）浴びていない』と拒否されました。会社を辞めようかどうか……」

福島第一原発事故後の作業で被曝した影響によるがんとして労災認定されたのは、２０２３年10月までに11人だ。甲状腺がんが２人、白血病が５人、肺がんが１人、咽頭《いんとう》がん２人、血液のがんである真性赤血球増加症が１人である。

肺がんの１人は50代男性で、１９８０年から２０１５年９月まで、複数の原発で放射線管理の業務をしていた。福島第一原発事故の後は、除染作業をする現場の放射線量を事前に測る作業などにあたった。勤務した35年間で約１９５ミリシーベルト（うち事故後は約

74ミリシーベルト）を浴びた。２０１６年2月に肺がんが見つかり、その後死亡した。遺族が労災を申請、２０１８年8月31日付で認定された（２０１８年9月5日付「朝日新聞」より）。

労災申請が認定されたのはわずかしかいない。

わずか、と記したのは、原発での作業後にがんを発症した人たちの話を複数聞いているからだ。私が直接遺族や友人に聞いただけでも、事故直後の緊急作業で福島第一原発に入った2人が亡くなっている。１人はがんが全身に転移し、もう１人は脳出血で亡くなった。前者は一人親方に近い形で入っていたため労災申請が難しいとみられ、後者は遺族が因果関係が認められるかわからないと躊躇して労災申請していない。

「放射線業務従事者の健康影響に関する疫学研究」によると、２０１１年3〜12月の緊急作業にあたった1万９８１２人のうち、２０２２年末までに７５７人が亡くなっている。

また、がんに罹患した割合では、緊急作業にあたった人のうち、研究に同意がとれた人を調べると、男性（同意者７５２６人）は総固形がん（臓器や組織などで腫瘍ができるがん）が１４０人、白血病・リンパ腫が10人未満にみられ、女性（同意者10人）では10人未満に総固形がんがみられた。なお、男性の前立腺、甲状腺、大腸の上皮内がんで統計学的に有意に高かった（厚労省補助金「放射線業務従事者の健康影響に関する疫学研究」令和4年度総括・分担研究報告書より）。

事故直後でも原子力に固執

発生13日目の２０１１年3月23日午後1時半のことだ。鈴木氏の執務室を1人の男性が訪れた。鈴木氏が呼んだのだ。

相手は、電気事業連合会（電事連）の原子力部長だった。電事連という団体は、大手電力10社で作る民間団体で、電力会社の考えを取りまとめてきた。

原子力部長を呼んだ理由は、鈴木氏が先だって経産省とやり取りしたときの回答が気がかりだったからだ。

原子炉建屋、プールに水の注入が開始され、最大の危機は去ったものの、事故の収束の見通しはまったく立っていない。事故対応が終了するまで、何十年、何百年かかるかもしれない。かねてからの鈴木氏の原発への懸念が現実のものになった。そうしたなか、鈴木氏は経産省の官僚に、今後原発をどうするのかを確認した。官僚は鈴木氏にこう答えた。

「原発を定期点検（原発は法に基づき13カ月以内に1度、運転を停止し、点検、検査が義務づけられている。点検には40日程度から数カ月かかる）で止めたら、そのあと動かせなくなるかも知れないですね。エネルギー需給が心配です」

福島第一原発が危機的な状況であるときに、今後も原発を使い続けたい思惑を持っているように感じ取れた。このため、電事連の考えを聞きたかったのだ。

原子力部長は鈴木氏の東大原子力工学科の後輩で、東電から出向していた。鈴木氏は、この部長を誠実で良い人だが、組織には実に忠実な人物だと評価していた。

　鈴木氏は原子力委員2人に同席してもらった。

　このときもまだ地震は続いている。3月11日午後2時46分の震度7以降、震度5弱以上だけでも27回。それも福島だけではなく、静岡、茨城、長野で震度6強が起きていた。この日の朝は福島県で震度5強が2度、震度5弱が1度立て続けにあったばかり。鈴木氏はこう思っていた。

「電力会社は、いま動いている原発を取り急ぎ止《と》める方針だろうか。定期検査で止まっている原発も容易に動かせると思っていないだろう。さすがに『今後についてはわかりません』と言うのが精いっぱいではないか」

　ところが、電事連の原子力部長は概ね次のように答えた。

「福島第一原発事故の原因調査は数カ月あればできると思います。福島第二原発は動かせないかも知れません。福島の廃炉については、長期的な対応を議論する場が必要です。汚染地区に避難者がいつ戻れるか、わかりません」

「今動いている原発は、すぐに止めることはしません。定期検査中で止まっている九州電力の玄海原発2、3号機は検査が終わり次第、運転を開始します。保安院が緊急対策をどうとるかにもよりますが、知事が同意すれば動かします」

「青森県東通村で計画している東通原発2基の新設は難しいと思います。建設中の1基は凍結ということになるかも知れません。青森県知事に呼ばれれば対応を考えます」

「関西電力で現在停止している原発は2、3週間で運転再開の予定です。地元がだめと言っているわけではありません。今後も原子力は必要との立場です」

今後も原発は必要……。鈴木氏は、意外に思い、原子力部長の言葉を手帳に書き留めた。

鈴木氏は、そんなに簡単に原発推進はできないだろうと思っていた。そして２０１１年4月26日、衆議院科学技術・イノベーション推進特別委員会でこう語っている。

「まずは反省の言葉です。原子力に長い間携わってきた研究者として、また、1年余りですが、原子力行政の責任を担う一人として、このような深刻な事故が起きましたことに対し、私自身、深く反省しております。特に、事故により故郷の地を離れることを余儀なくされた住民の皆様には本当に申し訳なく思っております。

既に、今回の事故をめぐり、特定の組織とか個人の責任を指摘する御意見もありますが、今回の事故については、私は、原子力に携わってきたすべての人それぞれがその立場で責任を共有すべきものと考えておりまして、私自身、痛恨の思いでいっぱいであります」

　２０２３年８月１日時点でいまだに少なくとも３万人が避難を続けている。避難生活による体調悪化などが原因で亡くなる「震災関連死」と認定された人は１都９県で合計３７９４人（２０２３年３月31日現在）にのぼる。福島県が最多で２３３７人、そのうち南相馬市が最も多い５２０人、次いで富岡町が４５６人、浪江町が４４３人。

　しかし、そうやって亡くなっていく人々をよそに、政府は、事故後12年で原発回帰を決定して、突き進んでいる。

　なぜすぐに原子力に回帰するのか。この固執には何が作用しているのか。その理由を歴史からひも解く必要がありそうだ。

第3章　原発はなぜ始まったか

正力松太郎 vs.湯川秀樹

福島第一原発事故前の日本は、54基の原発が稼働し、米国、フランスにつぐ世界第3位の原発大国だった。ただ、その歴史は、１３０年を超える火力・水力と比べ、60年と長くはない。

原子力はもともと軍事目的で、各国で研究されていた。戦時中、日本では陸軍、海軍がそれぞれ原子爆弾の開発に取り組んでおり、理化学研究所（東京）では、旧陸軍から委託された仁《に》科《しな》芳雄が「ニ号研究」を行い、一方、京都帝国大学は旧海軍の委託で「Ｆ研究」に取り組み、そこには湯川秀樹も加わっていた。さらに、１９３６年には、大阪帝国大学にも「ニ号研究阪大分室」が設置された。それぞれに円形加速器「サイクロトロン」（原子核の研究装置）が置かれている（『町人学者』毎日新聞社より）。

日本が実用化に至るまでには遠く及ばないなか、米国が広島、長崎に原爆を投下し、日本は敗戦した。戦後、連合国軍総司令部（ＧＨＱ）は日本における原子力研究を一切禁止し、理化学研究所や京都帝大、大阪帝大にあったサイクロトロンを爆砕したり、海に沈めるなどして、開発能力を奪った。

転機が訪れたのは１９５３年のことだ。アイゼンハワー米大統領が国連で原子力の平和利用を訴えたのである。１９５７年には、国連傘下の自治機関として国際原子力機関（ＩＡＥＡ）が設立され、ＩＡＥＡ憲章第２条で、全世界における平和、保健及び繁栄に対する原子力の貢献を促進・増大することがＩＡＥＡの目的の一つと定められた。これにより、世界各国で原発導入が進んだ。

日本では１９５６年に原子力政策の決定機関である、原子力委員会が総理府に設置された。読売新聞社主として知られる国務大臣の正力《しょうりき》松太郎が委員長に就任し、湯川が初代委員となった。

日本学術会議では、「原子力発電に関しては、これはあくまでも慎重にかまえて、自主的な研究の積み重ねの上にその実現を達成すべき」との意見があがっていた。しかし、正力は１９５６年１月４日の原子力委員会初会合の直後に、「（今後）５年目までに第一号原子力発電所を建設する」と発言し、早期実現のために原発の「輸入」を主張した。それに対して湯川らは「まずは基礎研究の充実を」と反発した。

湯川は同日、中央公論社の科学雑誌の編集委員だった森一久に「私はもう辞めたい」、「今日の原子力委員会の初会合で、正力さんは、原子力の自主開発なんてやっているひまはない、輸入した方が手っとりばやい、という声明を発表した。そんな話なら、われわれが入っている意味は無い。明日にでも辞める」と言ったという（佐野眞一『巨怪伝』文藝春秋より）。

さらに、同年5月11日の衆議院科学技術振興対策特別委員会に参考人として出席した湯川はこう主張している。

「やはり基礎を放擲《ほうてき》してやっていってはいけないという考えを持っておるのであります」

「年限の問題は、そこに多少の余裕を持たすことができるであろう、そういうことによりまして、日本の原子力開発の自主性といいますか、現実性、将来性というようなものを、そういうところから確保していくことができるのではなかろうか」

「国際情勢の今後の動きというものを、いましばらくわれわれは見ていくべきではないか、あまり先の方のことまで急いできめてしまうことはよくないだろう」

一方、その8日後に初代科学技術庁長官に就任した正力は導入を進め、他の委員からも慎重論が出ていたにもかかわらず聞く耳を持たなかった。結局、湯川は翌年3月、体調不良を理由に原子力委員を辞任している。

導入に向けて技術者を養成するため日本原子力研究所法が作られ、5月4日に公布、同法に基づき「特殊法人日本原子力研究所（原研）」が6月15日に設立された。

事故を引き起こした要因

原研の草創期を知るために私は、１９５９年に同研究所の研究員となった笠井篤氏（93）に話を聞いた。

東京理科大学で放射線物理を学び、原研に入所した笠井氏は、主任研究員・研究室長などとして40年近く原子炉の安全性、放射線防護、放射線による環境、人体への影響について研究してきた。京都大学原子炉実験所専門研究員、国連科学委員会（ＵＮＳＣＥＡＲ）日本委員、ＩＡＥＡ安全性検討委員などを歴任している。

笠井氏は定年退職後、故郷である長野県に戻り、山稜地帯にログハウスを建てて暮らしている。笠井氏は、愛用の濃い茶色のふちの眼鏡をかけて出迎えてくれた。室内は整然としていた。2階にも資料がきれいに並んでいるのが見え、地下にも研究所時代の資料があるという。笠井氏は、パソコンを前にして木製の椅子に座りながら、歴史について語りだした。

「原子力研究で日本は世界から立ち遅れ、一流国の仲間入りをしていなかった。『原子力研究所を作り、研究をやることによってトップレベルの国にしたい』と原研が作られた。優秀な人材を集めるため、給料は公務員の３割増だった。魅力的な条件だったので応募しました」

　日本の俊英たちによってスタートした原研は、茨城県東海村に設置され、東海村は原子力研究の中心地として「原子力の発祥の地」と言われるようになった。そのため、村の紋章には「とうかい」の「と」を原子力のγ《ガンマ》と太平洋の波で模様化したものが制定された。ちなみに１９８５年度の定員は２５００人にのぼった（『日本原子力研究所史』より）。村には集合住宅の宿舎が立ち並び、原研はエリートの集まり、村の代表的な存在とされた。原研まで続く道は原研通りと言われ、原研通り商店街など、原研にまつわる名前の地名や団体もできた。

　１９６３年10月26日、原研の研究炉が国内で初めての原子力発電に成功した。研究炉は、米国のゼネラル・エレクトリック（ＧＥ）製だった。政府はこの日を「原子力の日」と定めている。また、商用炉導入に向け、民間企業のみでは原発を開設することは難しかったことから、政府が協力して「日本原子力発電株式会社（日本原電）」を設立し、１９６６年に日本初の商用炉である東海原発の営業運転が始まった。これは、英国から輸入した原

笠井篤氏

発だった。そして、１９７１年には東電が福島第一原発の営業運転を開始したが、こちらはＧＥによるものだ。笠井氏は言う。

「湯川秀樹さんたちから『まずは日本国内で基礎研究をするべきだ』という主張が出ていたのに、政府、電力会社の圧力で輸入での原発導入が決まっていった。急いだんだね」

　福島第一原発1号機は、東電が完成品のスイッチをひねればよいという「ターン・キー契約」を採用した。カギ（キー）を回す（ターン）だけで稼働できる方式だ。ところが、ＧＥの設計通りになったために、日本には合わない点があった。これがのちに原発事故を引き起こした要因となった。

一つは、非常用ディーゼル（発電機）を地下に設置したことである。福島第一発電所は、35メートルの台地を海抜10メートルまで掘り下げて建てている。そして、ディーゼル発電機を地下に置いたため、津波につかって機能しなくなったのだ。

地下に設置したのは、米国式設計に対応したとされている。朝日新聞は「竜巻やハリケーンに備えて非常用発電機を地下に置く『米国式設計』をそのまま採用したため、事故の被害が大きくなった」（２０１１年6月11日付夕刊より）と指摘し、また、福島民報も東電関係者の話として「米国の原発は主に川沿いにあり、津波の心配はない。代わりにハリケーン対策が必要で、機器類を守るには地下に置いておくのが安全だ。だがその考え方は日本では駄目だった」と報じている（２０１２年6月4日付より）。

米国の自然災害に備えて考えられた設計をそのまま取り入れた弊害だったのだ。

そうした危険性を東電は認識していた。１９９１年10月30日には1号機で冷却用の海水を引き込む配管が腐食して数センチの穴が開き、大量の海水が建屋地下の床に漏れ出し、発電機が浸水した（２０１４年8月1日付「東京新聞」より）。ところが、東電は対応を取らなかった。吉田所長は政府事故調の聴取に、「あれでものすごく水の怖さがわかったが、古いプラント、一回できたものを直すというのはなかなか」と答えている。つまり、わかっていながら、地下に置いたままにしたのである。

「過酷事故は起こらない」前提で安全軽視

安全にお金をかけない文化は、東電だけではなく、日本国内に蔓延していた。笠井氏は言う。

「そもそも、『過酷事故なんか起こらない』という考えが根強かった。まず経費削減の対象になるのは安全対策経費だった」

原研の首脳陣の一部は、官庁からの天下りだ。さらに、在籍する研究者らは原子炉工学が主体で、安全性を研究していた人はわずかだった。笠井氏はその一人として事故による影響の研究をしていたが、思い通りにはいかなかった。

「『原発事故が起きたときの人への健康影響や被曝のシミュレーションをしたい』と１９７０年代に予算要求をした。けれど、科学技術庁の官僚が『事故は起きないのに、なぜ事故のテーマの研究をするんですか』と予算がつかなかった。政府も電力会社も『安全神話』をごり押しし、『原発には過酷事故が起きないんだ』との一点張りだった。米スリーマイル事故（１９７９年）が起きてやっと、『事故時に航空機で大気中の放出放射性物質の放射能濃度を測る広域モニタリングのシステム開発』に予算がついた。ただ、事故は起こらないという姿勢はそのままだったね」

日本最大の事故で2人が死亡

米スリーマイルに続き、１９８６年にはチェルノブイリ事故が起きたが、「日本では事故は起こらない」とさらに原発の導入が進んだ。そうしたなか、１９９９年にそれまでの日本の原子力の歴史で最悪の事故が起きた。

東海村ＪＣＯ臨界事故だ。核燃料製造の中間工程を請け負うＪＣＯの東海事業所では、高速実験炉「常陽」（茨城県大洗町）の燃料に使う濃縮度の高いウランを扱っていた。そのウラン溶液を様々な細長い貯塔に入れるべきところを、太い沈殿槽に入れていたときに事故は起きた。ウラン溶液が国の定めた上限量の約7倍だったため、沈殿槽のなかで臨界（核分裂連鎖反応が続くこと）が起き、小さな原子炉ができたような状態となって中性子線が放出された。作業をしていた同社社員の大内久さん（当時35）は「青い光」を見たと証言している。臨界に達したときに放たれる「チェレンコフの光」だ。この〝小さな原子炉〟には、中性子線拡散を防ぐ格納容器の役割を果たすものがなく、事務所だけでなく住宅街も含めて広がった。さらに、沈殿槽の周囲を冷却水の配管が取り囲む構造だったため臨界は継続された（本来は冷却目的の水が、事故では中性子の反射材の役目をしたのだ）。

原研はＪＣＯから数キロの近さにあった。当時、事故発生を聞いた笠井氏はこう憤った。

「ヒューマンエラーだ。チェルノブイリ、スリーマイル。みんなそうだ。こうやって事故が起きるんだ」

すぐに原研職員たちは自主的に動き出した。特殊法人である原研には事故対応をする義務はないが、それぞれが自分たちの専門知識を役立てられないかとデータの計算などに取りかかった。

政府や県が避難指示を出さず、村が自主的に３５０メートル圏内の避難要請を決めたが、発生から避難開始までに5時間もかかった。笠井氏は、「被曝した作業員たちの命にかかわる。現場近くには民家もあった。住民を早く避難させればよかったのに、被曝させてしまった」と心を痛めた。

笠井氏は住民の被曝線量をどう評価するかの検討を行った。原研内に政府の現地対策本部が置かれ、その夜、東京から原子力安全委員らが来て、陣頭指揮を執った。配管の水抜き作業を行い、ようやく臨界が収束した。

多量の放射線を浴びた大内さんは、国立水戸病院に運ばれた後、千葉の放射線医学総合研究所病院に搬送され、さらに東大医学部附属病院へ転院した。

大内さんは、高線量被曝による染色体破壊で新たな細胞が生成できない状態となってしまい、白血球が作れない状況に陥った。推定被曝線量は16〜20シーベルトだった。全身被曝の致死量である7シーベルトの倍以上だ。その後、大内さんは呼吸不全や腎不全などを併発し、事故から83日目の１９９９年12月に死亡した。

同病院に出入りする葬儀会社に勤めていた玉井昭彦さん(76)は、今でも当時のことが忘れられない。検死台は別棟にあり、玉井さんは大内さんの遺体を病棟から寝台車で運び、ストレッチャーに乗せ替え、検死台まで行った。ステンレス製の検死台に乗せる時は２人がかりで抱き上げなければ乗せられないほどの重さがあったが、解剖で臓器が取り除かれると、遺体は１人で抱えられるほど軽くなっていた。

霊安室で玉井さんは、血の滲む包帯に巻かれた遺体に仏衣を着せ、両指を合掌させた。大内さんの皮膚がポロポロ、ガサガサと剝がれ落ちた。大内さんの小学生の息子が遺体にまとわりついていた。

「寒い日でした。あの子はいまどんな人生を送っているのだろうと思います」

それから４カ月後、大内さんと一緒に作業をしていた篠原理人さん（当時40）も事故から２１１日目の２０００年４月に亡くなった。篠原さんは被曝量６～９シーベルトと推定され、多臓器不全の状態だった。玉井さんは篠原さんの葬送も担当した。

玉井さんは大内さんの命日に「放射線被曝の恐しさ。謹んでご冥福を祈ります」と、短歌をＳＮＳで紹介し続けている。

「鼻梁なく皮膚爛れたる人型に児は幾度も指這わせおり」

「軟骨でありたる肉叢みな溶けて生殖器すら形のあらず」

機能しなかったオフサイトセンター

被曝での死者を出した国内初の臨界事故となった。周辺住民ら計６６６人も被曝した。法人としてのＪＣＯと同社元幹部ら６被告は、業務上過失致死、原子炉等規制法違反の罪などに問われ、２００３年３月３日、水戸地裁で「長年にわたるずさんな安全管理体制があった」と有罪判決を受けた。

収束作業の陣頭指揮を執った原子力安全委委員長代理の住田健二氏は、インタビューや著書（『原子力とどうつきあうか』筑摩書房）で言及し続けてきた。

「日本の原子力関係者にとって、決して忘れることのできない最悪の日となった。そして大切なことは、二度とこのような事故を起こさないようにし、この日をずっと『最悪の日』であらしめることだ」

政府は教訓をいかす取り組みを始めた。

ＪＣＯ臨界事故では最前線本部にテレビがなく、住民への影響がわからなかった。携帯電話は接続が不安定で頻繁に中断し、ファックスを送ろうとしても難しかった。住田氏は専用回線を確保することの必要性を痛感した。そこで、教訓の一つ目として、国が緊急事態応急対策拠点施設「オフサイトセンター」を指定することが、法律で義務づけられた。国の交付金によって全国で各自治体が計23カ所（福島第一原発事故前は22カ所）に設けている。

センターは原発事故の際に、政府が設置する原子力災害現地対策本部において、避難範囲を決めたり、指示する役割を担う前線基地となるはずだった。

ところが、福島第一原発事故では機能しなかった。

大熊町にあるオフサイトセンターは、福島第一原発と第二原発を管轄していた。鉄筋2階建てで、福島第一原発から南西5キロの距離にあった。震災当日、非常用電源が故障し、翌日に電気は回復したものの、通信回線は不通のままで、東京の原子力安全・保安院と結ぶテレビ会議システムも動かず、機能不全に陥った。

3月15日には周辺の放射線量が急激に上がった。2号機から大量の放射性物質が放出されたときだ。センターに１００人ほどいた職員は撤収した。センターが原発から近すぎたのだ。さらに、放射線防護もされていなかった。放射線被曝を避けるフィルターなどの整備を総務省が２００９年2月に勧告していたが、保安院は具体的な対策を実施していなかった。

笠井氏は嘆く。

「オフサイトセンターは住民に対して形だけの『安心』をアピールするための存在だった。事故の際の防御もなく、事故なんて起こさないという前提でつくられていた」

ＪＣＯ事故の教訓の二つ目は、住民の避難にＳＰＥＥＤＩを生かすことだった。

東海村ＪＣＯ臨界事故のとき、ＳＰＥＥＤＩは試験運用の段階だったが、事故時に役立つシステムだと認識された。住田氏は「週刊朝日」の取材にこう答えている。

「いろんな場所のデータの予測値まで出してくれた。少しも減らない。ＳＰＥＥＤＩの予測値、あちこちの測定値を見て原子力安全委員会で、僕は臨界だと断言しました。そのと

きには、ＳＰＥＥＤＩの計算結果が風向きによって変わるのも見ました」（２０１１年５月27日号より）

しかし、データが避難にいかされることも、現場に伝わることもなかった。当時の村長の村上達也さんに私が、「ＳＰＥＥＤＩのデータは来ましたか」と聞いたら、「情報なんかきやしない」と憤っていた。このため、東海村は独自判断で３５０メートル圏内の避難を呼びかけるしかなかったのである。

そして、12年後の福島第一原発事故でもまたもや避難にいかされず、同心円の避難が行われた。

笠井氏は原研でＳＰＥＥＤＩを含めた緊急時モニタリングシステムの開発に関わった一人でもある。

「福島事故で政府が公表しなかったのは失敗ですよね。放射線量が高い地域に住民が避難してしまい、余分な被曝をしてしまった人たちがいるのは事実です」

三つ目は、過酷事故のときに遠隔で動かせるロボットの開発だった。ＪＣＯ臨界事故では、だれが被曝しながら水抜き作業を担うのか揉めたためだ。

当時、住田氏とＪＣＯとの間では次のようなやり取りがあった。

住田氏　事業者のＪＣＯに全責任があり、経営者が作業にあたる人間を決め、作業命令を出してもらわないことには始まらない。
ＪＣＯ側　我々がやらなきゃいけませんか？
住田氏　事業者の責任だ。処理を遅らせれば、後日あなた方の責任として強い非難を浴びることになりますが、それでもいいのですか。政府の指揮権発動を待つのか、それとも設置者としてＪＣＯの責任で処置したとするのか、どちらかですよ。
ＪＣＯ側（親会社である住友金属鉱山の須藤晃一専務）やらせていただきます。
（前述の住田氏著書、当時の報道より）

こうしたことを受けて、ロボットの必要性を訴える専門家と科学技術庁が、ロボット開発に予算をつけてもらおうと大蔵省に出向いた。ロボットに使われる半導体が放射能に弱い、という課題を解決するためだった。

交渉の末、「1年に10億ならいいですよ」と、承諾をもらうことができた。そして、事故の翌2000年1月、通産省が原子力災害支援システム開発に補助金計30億円の交付を決定した。これを受けて、日立製作所、三菱重工業、東芝など4社が、2001年に計6台のロボットを完成させた。毎時10シーベルトの放射線量に耐える性能で、放射線量や温度などの測定や、ドアやバルブの開閉、配管の切断、除染、弁の開閉や炉水の採取などの作業機能を備えていた。ロボット工学の専門家らから「世界水準に十分比肩しうるレベル」と評価された。

しかし、２００２年12月、東京電力、関西電力の原子力担当幹部や、原子力開発関連の国の外郭団体幹部ら５人で構成される実用化評価検討会が、「高放射線下の災害現場の状況調査・監視などの作業には使用が想定される」としつつ、「原発などの災害で活用する場面はほとんどない」と結論づけた。その理由は、ロボットは人に比べて歩行速度が遅く、移動可能距離が短いことなどや、災害現場では人が作業できるエリアは必ず確保されており対応は十分可能、というものだった。２００６年３月にロボットは廃棄処分され、１台が仙台市科学館に展示された。

もし、開発が進んでいれば、例えば２０１１年３月11日夜に１号機の原子炉建屋が２９０ミリシーベルト（＝０・29シーベルト、毎時換算）で入域禁止になった後でも作業が可能だったかもしれない。

米国では産学官あげてロボットを開発してきた。ドイツでは、電力各社が共同出資する民間企業が、原子力災害用ロボットを多種保有している。

のちに原子力委員会の委員長代理を務める鈴木達治郎氏は、ＪＣＯ事故当時、東京大学大学院客員助教授と電力中央研究所研究員を兼務しており、根本的な問題は原子力ムラの「閉鎖性」にあるとみた。

ＪＣＯでは作業を簡素化する裏マニュアルによる違法作業が常態化し、監視の目が届いていなかった。事故4年前の１９９５年12月に高速増殖炉もんじゅでナトリウムが漏れて火災が発生した事故では、旧動力炉・核燃料開発事業団（動燃）が現場の当初の映像を隠した「ビデオ隠し問題」も起きていた。鈴木氏はこう指摘する。

「なるべく経費を安く済ますことが会社への貢献で、安全性向上が会社への貢献にならない現状を変えないとならない。監査体制を作らないと安全性が保てない」

鈴木氏は、この隠ぺい体質を中から変えられないか、模索した。米国にはスリーマイル事故を受けて自主規制機関「原子力発電運転協会（ＩＮＰＯ）」が設置され、施設を評価し、ＣＥＯに通知している。こうした日本版ＩＮＰＯを作るよう、鈴木氏は月刊原子力総合科学情報誌「原子力ｅｙｅ」（日刊工業新聞社）での提言や論文を発表し、原子力産業会議、各電力会社関係者に働きかけた。電気事業連合会は、自主的な安全性向上機関として、ＮＳネットを１９９９年12月に設置した。しかし、「うちでは起こらない」、「ＪＣＯ

は小さい会社で電力会社とは違う」などと言われて肝心の監視機能は実現しなかった。どの社も他人に指示されるのを嫌がっていたのである。

鈴木氏に「もしこの監視機関があったら福島第一原発事故は防げましたか?」と尋ねると、こう答えた。

「可能性はあります。監査機能があれば、安全に対する本質的なアドバイスがされていたかもしれない」

問題の根底には、この「原子力ムラ」の性質があるのかもしれない。次章では、こうした〝利権集団〟に住み着く人々の実態に触れてみたい。

第4章　原子力ムラの人々

原子力ムラの〝村長〟

原子力ムラとは、何だろうか。

前出の東海村の村上村長（当時）は、２０１１年８月２日に村内で行われた日本原子力学会のシンポジウムで、「政官業学とメディアが『原子力村』と呼ばれる共同体を形成し、原子力界の権威、権力に対する異論を排斥する社会風土をつくってきた」と語った（同年８月３日付「朝日新聞」より）。元ＮＨＫ解説委員で科学ジャーナリストの小出五郎氏も、「政官業に学者、メディアによる五角形で成り立っていた」と指摘している（２０１２年３月２日付「朝日新聞」夕刊より）。

こうしたことから私は、政・官・業・学・メディアについて、それぞれ聞き歩くことにした。

まず、原子力ムラの〝村長〟は誰なのだろうか。

結論から先に言えば、それは歴代総理大臣だ。原発に税金を使い、国策で推し進め、原発を守る仕組みを作ってきた。

実際に、原子力安全委委員長代理を務めた元日本原子力学会長の住田健二氏が、２０１

１年５月４日のＭＢＳラジオ「たね蒔きジャーナル」に原子力ムラの重鎮として招かれ、コメンテーターから「〝村長〟は東電かも」と言われた際に、「〝村長〟は内閣総理大臣だと思います」と発言している。

その後、かつて関西電力がこの〝村長ら〟へ巨額献金をしていたことが明るみに出ることになった。

２０１４年７月、関電で政界工作を長年担った、内藤千百里《ちもり》元副社長（当時91）が、少なくとも１９７２年から18年間、在任中の歴代首相７人に「盆暮れに１０００万円ずつ献金してきた」と、朝日新聞に証言したのである。また、自民党有力者らに毎年２回、盆暮れのあいさつと称して各２００万〜１０００万円の現金を運ぶ慣行があったと明かし、政界全体に配った資金は年間数億円に上ったと語った。１９７４年に電力業界が癒着の批判を受けて企業献金の廃止を宣言したのちも続いていたことがうかがえる。

献金の目的は、原発政策の推進や電力会社の発展であり、「原資はすべて電気料金だった」、「許認可権を握られている電力会社にとって権力に対する一つの立ち居振る舞いだった」という。

内藤氏が献金したと証言した７人は、中曽根康弘、田中角栄、三木武夫、福田赳夫、大平正芳、鈴木善幸、竹下登の各元首相だった。このほかに通産大臣や、自民党有力者、原子力政策に重要な役割をしてきた政治家たちが含まれる。

朝日新聞が報じた証言は具体的だった。内藤氏はこう語っている（証言の録画も公開された。なお、文中に出てくる「芦原さん」とは、関電の芦原義重元社長である）。

〈関電の中でやめようという話は出なかったね。具体的な目的で渡す汚いカネではないという意識だった。天下国家のためのカネ。一に電力の安泰、二に国家の繁栄。

三木さんは事務所で私のひざを触りながら「足りない」と言ってきたことがあった。芦原さんが現金を渡すとニコニコして「お元気で何より」。福田さんは東京の自宅が多かった。何十羽のごっつい大きな鳥が飛んでくる家だ。天下国家の話をして帰り際にあうんの呼吸で置いて帰る。福田さんは玄関まで見送り「ありがとうー」と言っていた。

大平さんも自宅。現金をもらうと「いやあ、お疲れさん」。鈴木さんは照明の暗い家だった。中曽根さんは事務所。「ありがとうございます」とさっと受け取った。竹さんも事務所やね。ベテラン秘書が一手に仕切っていた〉（２０１４年7月29日付「朝日新聞」より）

中曽根氏は、日本の原発導入、推進の枠組みを作ってきた中心的な政治家だ。中曽根氏が原子力を推進した理由は、前章で述べたＧＨＱがサイクロトロンを沈めたことがきっかけである。「科学技術を盛り返さなければ、この国は復活しない」と考え、法律と予算作りに動いた（日本原子力学会誌 Vol. 49, No. 2〔2007〕P112～116）。1955年には原子力基本法制定に奔走し、田中角栄首相のもとで通産大臣を務めた際には、オイルショックを追い風にして1974年に電源三法を制定した（大蔵大臣は福田赳夫氏だった）。

三法は電源開発促進税法、電源開発促進対策特別会計法、発電用施設周辺地域整備法の総称である。電源開発促進税は電気料金に上乗せする形で国民から徴収され、発電所の立地自治体やその周辺自治体への交付金や補助金に充てられてきた。「札束で頬を張る」と批判を浴びている法律であり、地元市町村への電源立地地域対策交付金や補助金は2008年度予算では計約1300億円にのぼる（2008年7月20日付「朝日新聞」より）。

内藤氏は中曽根氏について、「しっかりした秘書がいて、彼の部下が領収書をくれた」と証言する（『原発利権を追う』朝日新聞出版より）。また、朝日新聞撮影の動画では、「中曽根さんは生きているうちにもうちょっとしゃべらせな、いかんでっせ」と語っていた。

政治家に渡る「原発マネー」

電力業界は個人献金や広告料など、様々な手段で政治家に金を渡してきた。2011年

7月には電力9社の役員の92・2％が自民党の政治資金団体「国民政治協会」本部に個人献金していた実態が判明し、会社ぐるみの「組織献金」であると指摘されている（同年７月23日「共同通信」より）。また、電気事業連合会（電事連）は記録がある１９８３年度から11年間で、65億５０００万円を自民党機関紙の広告費として自民党に支払ってきた（１９９３年10月14日付「朝日新聞」より）。

さらに、「闇で数千万円飛び交っていたという時代から、今は政治資金パーティー券で集める時代になっているのでは」と指摘する声もある。１枚数万円のチケットを何百枚単位で売って資金を集めるパーティーは、大部分が献金となる。法律上、政治資金パーティー券を購入した者のうち、氏名・名称を政治資金収支報告書に記載しなければならないのは、１つの政治資金パーティーにつき20万円を超えた購入者だけだ。20万円以下の購入者については、総務省が手引きで「必要に応じ報告してもさしつかえありません」としており、明かすことは義務化されていない。

こうしたパーティー券の購入は電事連が仕切っていた。電事連元幹部や元役員によると、政治家側から電事連にパーティー券購入の依頼があると、電力業界への貢献度や政界での影響力によって、購入する枚数を決めていた。電事連は自ら購入するほか、選挙区を考慮して各電力会社に購入額を割り振ったという（２０１３年３月31日付「朝日新聞」より）。

現役の議員では甘利明氏、稲田朋美氏、麻生太郎氏などが原発推進派で知られるが、彼らが電力業界にパーティー券を買ってもらっていた事例が各社の報道で次々に明らかになっている。

甘利氏が経済産業大臣に就いた２００６年以降、電力９社が１回あたり計約１００万円分の同氏主催のパーティー券を分担購入していた。金額は年平均で数百万円に上り、１０００万円を超える年もあったようだ。東電は２０１１年の原発事故後に購入をやめたが、他の８社はほぼ同じ金額で購入を続けてきた（２０１４年１月27日付「朝日新聞」より）。同記事は「権限の強い閣僚は電力業界からの政治資金を公表するべきだ」とも指摘した。

稲田氏もパーティー券を購入してもらっていたことが、２０１９年10月に発覚している。稲田氏の資金管理団体「ともみ組」の２０１７年の政治資金収支報告書には、関電とその関連会社の計４社に計50万円、さらに北海道、東北、北陸、中部、中国、四国、九州の各電力に計42万円、日本原子力発電と電事連に各10万円の計１１２万円を支払ったことが記され、「パーティー返金」と付記されていた（２０１９年10月10日配信「デジタル毎日」より）。

当時、防衛相だった稲田氏は２０１７年７月、東京都心のホテルニューオータニで政治資金パーティー「稲田朋美さんと道義大国を目指す会」を開く予定だったが、開催直前に中止が決まった。この返金が支出として記載されたため、各電力会社によるパーティー券購入の事実が発覚したのだ（２０１９年10月10日付「毎日新聞」より）。

また、稲田氏は原発関連業界からの寄付も報じられている。しかも、原発をめぐる大きなスキャンダルにからむ事案だった。

共同通信が２０１９年９月27日、関電の八木誠会長や岩根茂樹社長（いずれも当時）らが、高浜原発のある福井県高浜町の元助役（故人）から、多額の金品を受領していたことが税務調査で判明した、と調査報道で暴いた。３億６０００万円相当の原発マネーが福井県高浜町の森山栄治元助役を通じ、関電幹部に金の延べ棒など金品の形で還流していたという。

しかもこの時期、関電では原発事故後に原発が止まったためとして２度、電気料金を値上げしていた。値上げした電気料金は地元に流れたのち、再び関電に還流していたのか、という疑問の声があがり、金の延べ棒などインパクトの強いものが使われた手口や、巨額だったことから大きな問題になった。

この「原発マネー」は、政治家にも渡っていた。森山元助役が取締役を務め、主要株主だった警備会社から、稲田氏が代表を務める「自民党福井県第一選挙区支部」に、２０１３年までの３年間で計36万円が寄付されていたのだ（２０１９年10月５日付「朝日新聞」より）。

さらに、世耕弘成参院幹事長側にも、森山元助役が相談役に就いていた会社の社長から、４年間で計６００万円の寄付が渡っていたことが明らかになっている（２０１９年10月10日付「朝日新聞」より）。

稲田氏は報道を受け、「違法性はないと認識している」と述べていた。

稲田氏は原発に逆風が吹いていた時期でも推進を貫いてきた。事故後初の衆院選（２０１２年12月）の候補者アンケート（朝日・東大谷口研究室共同調査）では、「定期検査で停止中の原発の運転再開はやむをえない」という問いに、福井１区で回答した４人のうち、ただ１人「賛成」と答えた。２０１４年５月、福井県の関電大飯原発３、４号機（福井県おおい町）について、再稼働を差し止めるとする判決が言い渡された際には、「国策である原子力発電所に、わが県がずっと貢献をしてきた側面も、これからの原発政策において考えられるべきではないかと思う」とした。

さらに稲田氏は、「最新型原子力リプレース（建て替え）推進議員連盟」会長を務めている。議連は2022年11月に、最新型原子炉の新増設を求める決議文を採択している。

元福島県知事「原発の地域振興で潤うのは一世代だけ」

地方では、原発とともに生きようとする政治家らのもとで再稼働が進む。

東日本大震災で津波と地震が襲った宮城県の女川《おながわ》原発もその一つだ。地元紙「河北新報」の2020年3月の世論調査では、再稼働に「反対」「どちらかといえば反対」は計61・5％だったが、原発が建つ立地自治体の女川町議会、石巻市議会ともに再稼働を求める陳情を保守系議員らの賛成多数で採択した。同年9月24日の石巻市議会では木村忠良議員が、「原発に関する交付金が市民の福祉向上に寄与してきた」と賛成の立場から述べている（同年9月25日付「読売新聞」より）。

そして10月22日、宮城県議会も再稼働に賛成する請願を自民党系会派などの賛成多数で採択した。女川町議会、石巻市議会、宮城県議会で再稼働に反対する請願も出されたが、いずれも賛成少数で不採択になった。

11月11日には石巻市内で村井嘉浩知事、女川町の須田善明町長、石巻市の亀山紘市長の三者会談が行われ、三者は再稼働を了解することで一致した。

須田町長は記者会見で、「賛成や反対の双方の住民から意見が強く出されたのが、事故が起きたときの避難道路の整備だ。防災対策については村井知事からハード・ソフトの両面で継続的かつ着実に取り組むと明確に答えをいただけたので、その前提条件をもって再稼働を了解する」と述べた。

一方、これに先立つ2019年12月、須田町長の後援会長で、女川町の商工会会長を務める高橋正典さん（69）が、「（女川原発の）固定資産税や電源三法の交付金があり、女川はそのカネで街づくりをしてきた。新しい町役場や、これからできる小中一貫校や総合運動場も恩恵を受けている」と語っている（同年12月23日「朝日新聞デジタル」より）。

しかし、役場や学校、運動場を造るのはいいが、立地自治体はその維持費が捻出できずに苦しむことになる。国からの交付金も、電力会社が立地自治体に払う固定資産税も年々減少していくからだ。元福島県知事の佐藤栄佐久氏は次のように語っている。

「原発の地域振興で潤うのはたった一世代だけ。40年たてば固定資産税もなくなって、その自治体の財政状況は悪化の一途をたどり、最後は町長の給料すら払えなくなって、大量の使用済み核燃料だけが残る」（「アエラ」2013年2月4日号より）

福島第一原発もそうだった。福島県大熊町と双葉町にまたがった敷地に建てられており、大熊町内に1～4号機が、双葉町内に5、6号機がある。佐藤氏の言葉を裏付けるように、双葉町は電源三法による交付金の交付が終わったことなどから財政が悪化している。

１９７１年に1号機が運転を始めてから、双葉町が受けてきた交付金は6基分で計約33億円である。固定資産税もピークの１９８３年度には約17億９７００万円が入ったが、減価償却に伴って減少した。そして、１９８７年度で主な交付金の交付期間が終わり、１９９１年に町議会は財政再建を理由に原発増設を決議した。

東電の荒木浩社長（当時）は7、8号機の増設を決め、「電力需要の伸びに加え、地元からの要望と遊休地があったことが増設を決めた直接の要因」と話している（１９９４年8月23日付「朝日新聞」より）。その後、２００２年8月に東電が原発の自主点検データをごまかす「トラブル隠し」をしていたことが発覚し、町議会が7、8号機増設の凍結を求めたものの、２００７年に一転して増設容認を決議した。電源立地等初期対策交付金9億８０００万円を国に申請し、翌年2月に交付が認められた。

なぜ申請したのか。２００８年7月20日付の朝日新聞記事で、双葉町の様子がこう記されている。

〈70年代に原発建設でにぎわった商店街はいま、週末でも人影はまばら。町商工会の会員は10年間で約１割減った。店を営んで30年になる70代の男性は「増設で活気が戻るかはわからないが、この町は原発と一緒に生きていくしかない」と話した〉

町は原発と生きていくしかない――。そうやって歩んできた双葉町は、２０１１年３月11日の原発事故で「全町避難」となった。２０２２年８月末に一部が居住可能になったが、人口７１００人（２０１１年２月末）だった町には、２０２３年９月現在でも90人しか住んでいない。うち60人は転入者で、もともとの町民は０・４％しか戻っていない。

双葉町の人たちは、「もう誰も自分たちと同じ目に遭ってほしくない」と私に訴える。だが、そんな願いとは裏腹に、女川町が進もうとしているのは、交付金による役場や施設の新設である。

原発利権は、地域を食い物にしながら再び進んでいく――。

原発産業がなくなれば事故以上の災難？

次に「官」の側面からみていきたい。原子力ムラの一角を代表するのが経済産業省だ。そこで脈々と受け継がれている独特の慣習と体質を目の当たりにしたという、元経産官僚の古賀茂明氏（68）がその内情を語ってくれた。

古賀氏は東京大学法学部を卒業した１９８０年、通商産業省（現・経済産業省）に入省した。経済・産業政策の要職を歴任し、２０１１年〜２０１５年まで「報道ステーション」に金曜コメンテーターとして出演していたことで知られる。現在は政治経済評論家として活動中だ。

古賀氏は30代後半だったとき、こんな経験をした。

「通産（経産）省では、大臣官房秘書課、総務課、会計課の三課が『官房三課』と呼ばれるエリートコースで、課長補佐クラスが事務次官候補。僕はその会計課にいた。上司に『有望な若手を連れてきてくださいと言われたから』と連れて行かれた先は、東電御《ご》用達《ようたし》の料亭だった。御用達の所に行くのは、ぜったい秘密がばれないためです」

そこには東電の企画担当役員と、課長クラスがいた。課長クラスは40代で幹部候補だった。エリート同士を若いときから引き合わせることが目的の会合だ。食事代は官僚側は払わず、帰りは東電の用意したハイヤーで帰った。

古賀氏は、東電による接待会合だけではなく、電力会社に電力を卸売りしている「電源開発」の接待会合にも呼ばれた。電源開発は社長が通産事務次官の天下りポストで3代続いていた。そして、役員３人が、通産、大蔵（財務）両省からの天下りだった。

官僚にとってみれば、電力会社は優良な天下り先になる。原発事故前には資源エネルギー庁長官が、退任わずか４カ月で東電顧問に就いていたほどだ。

２０１１年には「アエラ」（同年7月11日号）が、少なくとも１０３人の経産省ＯＢが電力会社やエネルギー関係の団体56法人に天下っていると報じていた。天下ったＯＢたちの多くが、官僚時代に電力やエネルギー関連の部署にポストを得ていた。

天下りを受け入れた団体には、経産省から補助金や運営費交付金などが支出されている。たとえば、「原子力安全基盤機構」には収入の93％を占める２０６億円余、また「日本原子力研究開発機構」には１７６８億円が経産省から注ぎ込まれていた。

古賀氏は、「経産省が原発に必死なのは、原発で官僚〝互助会〟システムを維持しているからです」と指摘する。

古賀氏が官僚だった当時、自身の執務室に関電の役員に天下りした先輩が訪ねてきた。古賀氏がたずねた。

「いやぁ、関電、大変ですよね。経産省と電力会社って微妙でしょ？　交渉したりと、大変ですよね」

「ぜんぜん楽ちんなんだよ」

「どうしてですか」

「そういう難しいことはしなくていいんだよ。電力会社に行ったら、俺よりも事務次官やエネ庁長官と親しい人がいっぱいいる。大事なことはそういう人たちがやっている。そういうことはタッチさせてもらえないんだよ」

古賀氏は、原発政策はそういう世界で動いているのかと驚いた。

さらに、電力会社が官僚にいかに影響力を持っているか、実感する出来事があったという。

1997年、パリのOECD（経済協力開発機構）の事務局に出向していた古賀氏は、日本の発送電分離を進めようとした。電力会社が強大な利権を持っているのは発送電分離がされていないためだと思っていたからだ。

古賀氏は、読売新聞記者に発送電分離の計画について話し、その計画が1月4日付の同紙経済面トップで報じられた。佐藤信二通産大臣が記者会見でこの件について質問を向けられ、「送電と発電の分離はこれまでタブーだったが（中略）研究すべき課題だ」と答えたことで大騒ぎになった。すぐに通産省の後輩職員から連絡があって、「古賀さん、いま大変なことになっています。クビにしろという話になっています。今だけはおとなしくしてください」と伝えられた。

翌１９９８年、パリにいる古賀氏のもとに通商産業事務次官が退職直後に来て、「あのときは大変だったんだから。（経産省資源エネルギー庁の）公益事業部長が『古賀を呼び戻せ、ＯＥＣＤを辞めさせてくれ』と言ってきて、なだめるのが大変だった。電力業界でも政治でも言われて大混乱だったんだよ」と苦笑いされたという。

古賀氏は、「電力会社が怒ると人事が動くんだなと思いました」と感想を漏らした。

「電力会社が人事を動かす」――。私は元日本原子力学会会長からも同じ話を聞いたことがある。古賀氏が続ける。

「東電と付き合いの深いゼネコン、メーカーにも経産省からいっぱい天下りが行っているんです。そういう関係もあるから、電力の利権がなくなると、経産省として非常に大きなうまみがなくなる。原発産業がなくなれば、経産省にとっては福島第一原発事故以上の災難っていうぐらいで、（原発を）守らないとならない（という考え）。福島第一原発事故があっても『たまたま運が悪かった』という考え方で、『電源さえ何とかなればこういうことはなかったんだ。対策すれば良いじゃないか』と、すぐ頭の中は切り替わっている。本当に、原発事故直後から、『このままだと原発やめろという話になるぞ。それを止めるにはどうしたらいいか』という、そっちの発想ですよ」

この言葉は、事故発生13日目に経産省が原発を続ける話をして驚いた、という原子力委員会委員長代理の鈴木氏の話と一致していた（第2章参照）。

原発は「安価」は本当か？

経産省がどのような姿勢で原発に向き合おうとしているのかを確かめようと、私は経産省資源エネルギー庁電力・ガス事業部原子力政策課に「原子力政策についての方向性について伺いたい」と取材を申し込んだ。課長補佐が対応した。

「なぜ日本に原発が必要なのでしょうか」

私の直球の質問に課長補佐は資料を見ながら答えた。

「石油もガスもとれない資源に乏しい我が国においては、再エネ、原子力、火力、いろんなエネルギー源の強み弱みがあると思うので、さまざまなエネルギーをバランス良く活用していくのが日本にとっては重要なんじゃないかと考えている。各電源、メリットデメリットがあるなかで、安定的で安くて、気候変動問題の対応、CO_2削減ができるかっていう、この３つですね。安定的で安価で気候変動を考えれば、安全性を確保したうえで原子力の利用は欠かせないと考えている。よく言われるのがＳプラス３Ｅ。セーフティと環境と経済性と安定供給。そういったなかで原子力の利用は欠かせないというのが我々の考えでございます」

　Ｓはセーフティ（安全性）、３Ｅはエナジーセキュリティ（安定供給）、エコノミックエフィシェンシー（経済効率性）、エンバイロメント（環境適合）だ。

「安価で」という点がひっかかり、私は尋ねた。

「経産省自身が『コストは原発が一番安いのではなく、太陽光の方が安い』という計算結果を出しましたよね？　一番安くはないが比較的安価ということですか」

　経産省が２０２１年７月に示した試算では、最も安い電源は原発から事業用太陽光に変わった。２０３０年時点で再生可能エネルギーはコストが低下し、事業用太陽光は１キロワット時あたり「８円台前半～11円台後半」となる一方で、原発は安全対策費などがかさみ１キロワット時あたり「11円台後半以上」と上昇した。その説明が、先ほどの回答にはなかった。

　課長補佐は資料を見つつ、「あとで答えます」と言った。しかし、返答は今もない。

福島第一原発事故時に問題視された、「官」と電力会社の深い関係性は、元に戻っている。経産省と文部科学省が事故後の2年間に24億８０００万円分の原発の広報事業を行い、このうちの7割近い16億３０００万円分を、両省のＯＢや電力会社の幹部らが役員として在籍する法人が受注していたことが明らかになっている（２０１３年6月17日付「朝日新聞」より）。天下りも復活し、事故の後、電力会社や関連団体に天下りした国家公務員ＯＢが少なくとも71人に上ることが報じられた（２０１５年10月4日付「東京新聞」より）。

古賀氏は言う。

「原発事故で再エネ推進政策に取り組んでいた官僚も、原発推進に次々戻っている」

元に戻るのは、どうしてこうも早いのだろうか。官僚は上を見て、自分の再就職先も見る。総理の方針の変化によって迅速に変わることは、ある意味〝優秀〟と評価されることなのかもしれない。しかし、そこに全体の奉仕者たる公務員の矜持はあるのだろうか。

「原発反対がゼネコンを潤す」

電力会社と、それを取り巻く協力企業の実態について考えていきたい。

まず、協力企業とは、業務の一部を委託する外部の会社の一群を指す。働いている人たちに聞くと、元受けのゼネコン、1次下請け、2次下請け、3次下請けとあり、さらに一人親方で働いている人たちもいる。多重下請け構造で、何重にも連なっている。

ゼネコンとのこの強固な体制を、「総括原価方式」と呼ばれる、必要な経費を電気料金に上乗せできる仕組みが支える。

福島第一原発事故の翌2012年に国が1兆円を出資し、東電は実質国有化された。経営改革の一環として同社内に設置した調達委員会の調べでは、2013年度の東電保有の原発工事などで、実際にかかる費用の2〜5倍の価格で発注しようとする事例が多数見つかった。実際には1日1・2万円の人件費でできる工事にもかかわらず、受注側の見積もりの4・9万円で契約しようとした事例もあった。東電の調達コストが膨らみがちなのは、受注する関連企業が東電OBを受け入れている影響が大きい、と調達委員会はみている（2014年1月9日付「朝日新聞」より）。

2020年、各電力会社は原発再稼働に向けて、テロ対策施設を建設し始めた。福島第一原発事故を受けて新規制基準が作られ、テロ対策施設の設置が義務づけられたからだ。建設を主軸とした安全対策費の合計は、電力11社で5・8兆円近く（2023年8月時点）に上っており、まだ安全対策費を明らかにしていない原発も複数あるため、全体はさらに膨らむことになる（２０２３年８月８日付「朝日新聞」より）。

私が２０１９年に川内《せんだい》原発（鹿児島県）に赴いたときは、安全対策工事が山場を迎えていた。トラックや大型車両がひっきりなしに構内を行き来している。九州電力社員は私に微笑を浮かべてこう言った。

「安全対策工事でゼネコンが大儲けですよ。反対派が反対するほど、ゼネコンが潤うんです。実は反対派とゼネコンが手を組んでいるのかと思うほどです」

原発反対派が声を上げるほど、「原発を安全に稼働するため」との名目で追加の工事が発生するというのだ。冗談だとしても、反対している人たちは激怒するだろうなと思った。

規制側を取り込む電力会社

こうして膨れ上がった安全対策費について、政府は再エネ事業者から電気を買っている人を含めて全消費者から吸い上げることを検討している。政府が電力会社に都合のいい制度を作っているわけだが、では、「業」の本丸である電力会社はどうやって政府の政策に介入していくのか。

たとえば、電力会社は、規制側に働きかけ、安全を後回しにしてコスト削減に取り組んできた。

話は、１９９５年に起きた阪神・淡路大震災にさかのぼる。政府は震災後に、地震に関する情報収集や評価を一括して行う「地震調査研究推進本部（地震本部）」を総理府（現在は文科省）の特別機関として設置した。

10年から１００年程度先までの長期間にわたる地震発生の可能性を探る「長期評価部会」が作られ、地震学の専門家である島崎邦彦東京大学名誉教授（77）が１９９６年〜２０１２年までの16年間にわたって部会長を務めた。２００２年には、三陸沖から房総沖にかけての長期評価を発表している。

東北地方でＭ（マグニチュード）８クラスの巨大地震が高い確率で発生するとした予測で、「高い津波をもたらす明治三陸級の地震が、宮城沖や福島沖でも起きる可能性がある。確率は今後30年以内に20％」とし、日本海溝沿いで津波を伴う地震の可能性があると指摘していた。

朝日新聞は発表を受けて、２００２年８月１日付で〈津波地震、発生率20％〉〈今後30年三陸―房総沖〉との見出しで報じた。その後、原発の監督官庁である原子力安全・保安院が、東電に新たな津波予測に対応しなくていいのかを問いただした。

「本日新聞に掲載された『三陸沖津波地震確率20%』に対して、プラントが大丈夫であるかどうか、説明を聞きたい」

４日後、東電の担当者は、資料を持って保安院へ説明に行った。東電が電力他社に送ったメールによると、保安院の担当者４人は、「福島から茨城沖も津波地震の津波を計算するべきだ」と要求した。しかし東電は、「論文を説明するなどして、40分間くらい抵抗した」、「結果的には計算するとはなっていない」と報告している。逃げ切ったのだ。保安院は東電の言い分を聞いただけで、自分たちで調査したり専門家に意見を聞いたりして確認することをしなかった。（「アエラ」２０２０年10月12日号より）

保安院が機能しておらず、地震本部の予測は原発の津波対策にいかされなかった。

他にも、原発の地震に対する安全性を検討する基準である「発電用原子炉施設に関する耐震設計審査指針」は、国が１９７８年に作成して以来、見直されずにきた。周辺に活断層が見つからない場合は、直下型地震で最大Ｍ６・５としか想定しておらず、「不十分だ」と何度も問題視されてきたが更新されなかった。阪神・淡路大震災（１９９５年）を受けて見直す動きもあったが、１９９８年、エネ庁が安全委員会の各委員に「浜岡、志賀の許可が出てから来年５月より基準部会で審議開始とし、それまでは耐震指針改訂に関する発言は控えて欲しい」と要請した（原発事故の国会事故調査委員会報告書より）。元原子力安全委員長代理の住田氏は、この当時、原発の新設が続いていたため、「産業界から、計画が一段落するまで変えるなと圧力がかかった」「（補強費用がかさんだり、廃炉につながるため）見直しを先延ばしする政治的な判断が働いた」と語っている（２０１１年３月25日付「朝日新聞」より）。

耐震指針は、２００６年になってようやく見直されることになった。旧指針では津波について明記がなかったが、新指針では、極めてまれだが発生する可能性がある津波への備えとして〈施設の安全機能が重大な影響を受けるおそれがないこと〉と明記された。東電は、新指針を受けて原発のチェックを始めた。

東電は、福島第一原発では、地震本部の長期評価をもとに高さ15・７メートルの津波になると計算し、対策に乗り出すことを２００８年３月までに決めていた。だが、東電の武藤栄原子力・立地本部副本部長は同年７月にこの方針を覆す。部下に対し、15・７メートルに備える工事をすぐには施さないことについて、保安院の理解を得るよう指示したのだ。

武藤氏や元会長を含む東電の３人を２０１６年２月に強制起訴した際の検察審査会の議決要旨には、〈平成20（08）年10月には、それら（保安院）の了解をおおむね得ることができた〉と記されている。保安院に津波対策の工事をしない方針を認めさせる、東電の根回しが３カ月ほどで終わったということだ。ちなみに、この保安院の上部組織である経産省の大臣は、電力族として名高い甘利明氏だった（「アエラ」２０１６年３月７日号より）。

ここでも再び、保安院が機能しなかったことになる。

東電は規制側を取り込み、巨大津波対策を行わずに済ませていた。

東日本大震災の直前にも、電力会社の介入があった。

このため、大津波が起こる可能性があるという予測の公表が遅れ、震災に間に合わなかったのだ。私は、この予測をまとめた島崎氏に話を聞いた。

２０１１年１月、島崎氏ら地震本部は、２００２年に出した長期評価の第二版の案を部会でまとめ、近く発表する予定だった。貞観《じょうがん》地震（８６９年）と同様の、揺れが大きく、津波が陸の奥深くまで浸入する「貞観型」地震の可能性を盛り込んだもので、「宮城県中南部から福島県中部にかけての沿岸で、巨大津波による津波堆積物が過去３０００年間で４回堆積しており、巨大津波を伴う地震が発生する可能性がある」という趣旨だった。

２０１１年３月９日に地震本部の地震調査委員会が予定されており、ここで承認され、すぐに公表されれば、津波の可能性が広く住民たちにも伝わっていただろう。

しかし、島崎氏のもとに、２０１１年2月17日午後3時57分、一通のメールが届く。地震本部の事務局である文部科学省研究開発局の地震・防災研究課、本田昌樹係長からで、こう記されていた。

「順調に行けば、3月9日の調査委員会で承認され、公表となるところですが、事務局としては、公表前に関係の各県、電力会社などに説明を行いたいと考えており、公表は4月にしたいと考えております」

島崎氏は電力会社に説明するのはおかしいと思い、メールから4日後の2月21日に本田係長らと面談した。島崎氏は、「公共企業体に連絡をするというんだったら、鉄道だとか電話だとか、ほかにもあるのに、なんで電力なのか。すぐ公表しないで、その間に何か起きたらどうするんですか」と延期に反対したが、ほかの議題で優先すべきものがあると説得された。

この件については、奥山俊宏朝日新聞編集委員（当時）がネットサイト「法と経済のジャーナル」で、〈震災直前、電力会社への事前説明などで「巨大津波の可能性」評価を決定延期〉と題して報じている。

〈2月17日午後7時23分、文科省の地震・防災研究課での本田係長の同僚にあたる石井透・技術参与から東電の社員に「内々にお伺い」と題するメールが発信され、そこには次のように書かれていた。

> 地震本部では、２００５年の宮城県沖の地震の発生、および、この地域に於ける近年の新しい知見を前提に、現在、宮城県沖地震の長期評価の見直しを組み込みつつ、三陸沖～房総沖の長期評価（第二版）をまとめつつあります。
>
> （中略）
>
> そこで、この評価結果が公表された際に何らかの対外説明を求められる可能性がある
>
> ・東京電力殿（福島サイト）
>
> ・東北電力殿（女川サイト）
>
> の関係者の皆様には、事前に内々にその内容を御説明する機会を設けたいと思いますが、如何でしょうか？

石井技術参与は大手ゼネコン・清水建設から文科省への出向者で、これに先立つ１月25日に、同省地震・防災研究課の鈴木良典課長、北川貞之管理官らと清水建設、東京電力、

中部電力の代表者が「主に原子力安全審査関連分野における地震本部の成果の活用に関わる非公式な意見交換」のために開いた会合に出席しており、東電側と面識があったようだ。文科省の記録によれば、その会合では出席者から「原子力施設には特殊事情があり、何らかの見解が出ていると、それに対する検討が必ず求められる」などの声が出ていた〉（２０１９年11月14日配信）

島崎氏によると、地震本部の事務局には石井氏のほか、電力中央研究所やコンサルタント会社からの出向者が数人おり、電力会社らとの連絡役を担っていたという。

その後、政府事故調の中間報告（２０１１年12月公表）で、東電が長期評価の内容を変えるよう要望していたことを、島崎氏は初めて知った。

中間報告によると、文科省は秘密裏に、長期評価改訂に関する東電らとの情報交換会なるものを２０１１年３月３日に実施している。東電は、文科省に対し、「貞観三陸沖地震の震源はまだ特定できていないと読めるようにしてほしい。改訂案は貞観三陸沖地震が繰り返し発生しているかのようにも読めるので、表現を工夫してほしい」などと要請していたという。

島崎氏は驚き、ショックを受けた。

「まさか。ついにここまできたか。科学をねじ曲げようという勢力が入ってきたのか」

ついに、と思ったのには理由がある。島崎氏は２０１０年ごろから、「地震本部の出す予想には信憑性がない」と広めている勢力がいるのに気が付いていた。土木学会や別の有識者会議で電力会社の主張を後押しする「御用学者」たちだ。島崎氏はこう憤る。

「電力会社は、若い学者を手なずけて勉強会に呼んだり、講演してもらって仲間に引き込んでいくんです。彼らを後押しして権威にして、電力会社が主張したいことをまるで『科学的な裏付け』があるかのように主張してもらう、という構図ができていた。東電と御用学者が一体となって、私たちの想定には信憑性がないということを広めていた」

島崎氏自身も「仲間になりませんか」と言われたり、著名な原子力学者と話せるサロンに誘われたりしたことがある。

学者を取り込み、自分たちが通したい説を「科学的」と呼び、自分たちが通したくない説はどんなにデータの裏付けがある論文があっても、「世界的には定説となっていない」と取り入れない。原子力ムラで多く聞く手法だった。

奥山編集委員の記事によると、３月８日時点の文科省の修正素案には、「貞観地震の地震動についてと、貞観地震が固有地震として繰り返し発生しているかについては、これらを判断するのに適切なデータが十分でない」などと書き加えられていた。あたかも信憑性がないように読めるように書き加えていたのだ。国会事故調も「評価結果を、規制対象となる電力会社が改変しようとしたのは大いに問題がある」、「文科省の対応も問題であったと考えられる」と指摘している。

島崎氏は悔やむ。

「後回しにせず公表されていれば、3月10日の朝刊に記事が載り、読んだ人の多くが翌日の津波から逃げられたでしょう」

こうしてなりふり構わず自己利益拡大に走る電力業界の姿は、利益を追求する会社としては〝優秀〟なのかもしれない。しかし、公益性を見失ったがゆえに起こしたことの代償はあまりに大きい。

東日本大震災の死者は全国で1万5900人、行方不明者は2523人だ（2023年3月1日まで。震災関連死を除く）。電力会社の介入を許さず、当初の予定通りに3月9日に委員会で承認し、10日に宮城県中南部から福島県中部にかけて大津波の可能性、と報じられていればどうであったか——。

「大きな津波は来ない」と思って自宅2階にとどまって逃げずに亡くなった高齢者や、一度避難したものの、必要なものを自宅に取りに戻って亡くなった人たちが数多くいたことを、私は多くの住民たちや消防団から聞いている。

体育館には数百の遺体が並んだ。服がはぎとられ、体じゅうに無数の青あざが見られ、顔は苦悶でゆがんでいた。もしも、10日の朝刊やテレビで大津波の恐れが報じられていたら、助かった人はどれだけいただろうか。

電力業界の虜

電力会社が政策に介入してくる問題は福島第一原発事故で注目されたが、原発事故後も異常な体制は続いていた。

２０１０年１月～２０１４年３月まで内閣府原子力委員会委員長代理だった鈴木達治郎氏も渦中におかれた一人で、その実情を私に話してくれた。

「原子力委員会の事務局である内閣府原子力政策担当室は、官僚ではなく、電力会社やメーカー、ＪＡＥＡ（日本原子力研究開発機構）の若い優秀な連中が司《つかさど》っていたんです。彼らは出向で内閣府職員として働いていた。室内にはほかに専門家がいないので、彼らが仕切る。だから、原子力委員会内の情報は、電力会社にダダ漏れだったんですよ。あるとき、政府の原発の輸出戦略の草稿を作ったら、事務局員が当然のように『電事連のコメントが来ました』と紙を持ってきた。電事連が朱《あか》字を入れてきていたわけです。（電力側にとって）都合が悪い話は変えてほしいということでした。驚きましたね。『おかしいじゃないか。なんで（外部の）電事連が朱を入れてくるの』と言ったら、『今までこうやっていましたから』と。私は『電事連がコメントしたいんだったら（公表後に）表の場ですればいいのであって、裏でするのはおかしいだろ』と言いました」

　政府が方針を決める過程の前段で、利害関係者が堂々と非公式に入り込み、修正を入れてくる。島崎氏の地震本部のときと同じだ。

　ただ、このときは鈴木氏以外にも「おかしい」と声を上げた人物がもう一人いた。原子力委員長の近藤駿介氏は鈴木氏らの意見を受け止め、外部のコメントを反映するのはやめようという結論になった。

　しかし、こうした電事連による原子力委員会への介入は日常的に続いていた。あるときは、鈴木氏がほかの原子力委員あてに議論の進め方やテーマなどについて提案するメモを回すと、なぜか電事連から電話がかかってきて、「あの意見はよくないと思います」と言われたという。鈴木氏が続ける。

「誰がどこでメモを見るかわからない、怖い世界だったわけですよ。そんなことを〝平気の平左〟でやっていた。電力会社が『政府に余計なことはさせない』とすぐに横やりを入れてくる。政府の委員会が、電力会社側の勢力に実質的に支配されてしまっている」

事務局が電力会社から出向者を受け入れる慣習や、電力会社など推進派だけを集めた非公開の会合でヒアリングを重ねるやり方は以前からあった。

当時は、事務局21人のうち、文部科学省と経済産業省出身の公務員のほか、９人が東電や関電、東芝や三菱重工などからの出向組で、その給与や社会保障費も出身企業が負担していた。

鈴木氏はそうした状況を「規制の虜《とりこ》ならぬ、電力業界の虜です」と語った。規制の虜とは規制機関が被規制側の勢力に実質的に支配されてしまう状況だ。

そんななか、ある非公式の勉強会の存在が、鈴木氏に災難をもたらす。

鈴木氏は、２０１１年９月、核燃料サイクルについて方向性をまとめるために原子力委員会のもとに設置された「原子力発電・核燃料サイクル技術等検討小委員会」の座長に就いた。

「核燃料サイクル」は原発の使用済み核燃料を再処理して一部を再活用するものである。

日本の原子力政策の要である一方、「実現可能性がなく破綻している」と指摘されている。鈴木氏は、「核燃料サイクルは核兵器の材料にもなるプルトニウムの在庫を増やすことになる」と従来から懸念する発言をしていた。

小委員会のメンバーは大学教授や、長年にわたって脱原発の立場から調査研究を行うＮＰＯ法人「原子力資料情報室」の伴英幸共同代表ら7人で、２０１１年7月には菅直人首相が、「原発に依存しない社会をめざすべきだ」と表明したばかりでもあり、核燃料サイクルの抜本的な見直しになるのか、注目された。

小委員会の会議前には、非公開の勉強会が開かれた。この勉強会は原子力委員会の近藤委員長が発案し、メンバーは当初、原子力委員（5人）、原子力委員会事務局、文科省、経産省、ＪＡＥＡ、電事連、電中研（状況により、適宜、メンバーを追加）であった（「原子力発電・核燃料サイクル勉強会（仮称）について（案）」より）。小委員会のメンバー7人のうち、勉強会に出席したのは、座長の鈴木氏と、原発推進派で知られる田中知《さとる》東大大学院教授だけだった。実際の出席者は電事連と電力会社が10人弱で日本原燃が数人、経産省が10人程度、文科省が数人、ＪＡＥＡが5〜6人、原子力委員会側からは鈴木氏と事務局で20人以上だった。近藤委員長が出席した会もあり、２０１１年11月17日から12年4月

24日までに23回行われている。

鈴木氏は、勉強会にサイクルの中核を担う六ヶ所再処理工場（青森県）を運営する日本原燃が参加するとは思っていなかった。「直接の利害関係者が参加するのは予想外でした。事務局が声をかけていた」と振り返る。日本原燃は再処理継続を求める意見や陳情を述べた。鈴木氏は「事業者として『自社施設を止めてほしくない』と発言するのは当然かもしれないが、事務局でもない人がなぜ意見を言うのか。勉強会は意見を言う場ではなく、データを出してもらい、資料作りなどの作業をする場という位置づけだったはずだ」と驚いた。

事務局が送った勉強会の案内文には、「この会合で方向性を検討して小委員会にあげる」と記されていたが、鈴木氏がその案内文を見ることはなく、出席者と認識のずれが生じた。また日本原燃は、「再処理をやめたほうが高くつく」と主張し、鈴木氏が、「合理性がない」と押し返すといった応酬が続いた。

例えば、２０１２年４月24日の第23回勉強会では、再処理を止めた場合のコスト計算をするときに、日本原燃が、「原発が運転開始できなくなるので、火力発電所の建て替えのコストが必要」と主張して、膨大な金額を追加してきた。全量再処理なら総費用は50兆円台で、全量再処理をやめて全量直接処分なら火力を使用する必要があるので70兆円台にははねあがるという資料を作成してきたのだ。

さらに日本原燃は、再処理を止めた場合には、これまで六ケ所村に投資してきた1・78兆円をコストに含めると言い出した。

いずれも鈴木氏らが、「合理性がない」と、計算し直しを指示する始末だった。

鈴木氏はこう後悔を口にする。

「電力と官僚が一体で攻めて来ました。途中で人数制限などすれば良かったと思いますが、事務局は言うことを聞かなかったでしょう。人数を限定しても資料は共有されて同じようなやり取りになったと推測します。私の脇が甘かったということだと反省しています」

ただ、電力側にも一部協力してくれる人がおり、鈴木氏は結果を曲げられないようにすることができた。

「電力側は不愉快だったでしょう。そのなかで私たちが不正を行ったよう印象付けるリークが新聞社に行われたのだと思います」

小委員会は、5月16日に全15回の会合を終えた。8日後の5月24日、毎日新聞が〈核燃サイクル：報告原案、秘密会議で評価書き換え　再処理を有利に　原子力委、『推進側』

集め〉と1面でこの勉強会の存在を報じた。

記事には、こう記されていた。

〈内閣府原子力委員会が原発の使用済み核燃料の再処理政策を論議してきた原子力委・小委員会の報告案を作成するため4月24日、経済産業省資源エネルギー庁、電気事業者ら推進側だけを集め「勉強会」と称する秘密会議を開いていたことが分かった。表紙に「取扱注意」と記載された報告案の原案が配られ、再処理に有利になるよう求める事業者側の意向に沿って、結論部分に当たる「総合評価」が書き換えられ、小委員会に提出された。政府がゼロベースの見直しを強調する裏で、政策がゆがめられている実態が浮かんだ〉

報道を見て、鈴木氏は驚いた。

「確かに勉強会では、電力側が核燃料サイクルを継続するための発言をすることが多かったが、(電力側の)発言に結論が左右されることはなかった」

原子力委員会は、翌25日に「検討小委員会の報告書を、『特定の事業者や立場に有利なように書き換えた』ということは事実無根です」という文書を公表、政府が実態を検証した。鈴木氏は「検証の中で電力会社からの出向職員が電事連や電力会社側に『次の会合が最も重要で決まるので、会合のときはこういうシナリオで行きましょう』『これで六ヶ所は生き残れる』とメールで事務局と電事連がやりとりしていることがわかった」と語った。推進派によって、核燃料サイクルの生き残りのシナリオが裏で作られていたということだ。

政府は8月に報告書をまとめた。

報告書によると、勉強会に参加した電力関係者は、単なるデータ提供や計算などの作業にとどまらず、資料作成の機会を利用して、小委員会座長である鈴木氏に対して自らの立場を発言するなどしていた。勉強会の実態は、小委員会での審議に影響を及ぼそうという意図も持つものであったとし、電力側が勉強会を利用しようとした場であったと記された。そして、こう結論づけられた。

〈鈴木座長は、『勉強会』の資料を小委員会で使用する資料にどのように反映させるかの判断権をもっており、電力関係者のいいなりになっていたわけではなく、公正な運営を心がけていたと認められる。

しかし、鈴木座長がほとんど1人で電力関係者の圧力を受けつつ、小委員会に提出する資料作りを行っている過程で、何らの影響も受けなかったと考えることはできない。検証チームとしては、『勉強会』で作成されて小委員会に提出された資料（小委員会の事務局が作成した資料と位置づけられる）は何らかの影響を受けていたと推認するほかない〉

細野豪志原発事故担当相は報告書を受けて、「中立性、透明性、公正性の観点から不適切だった」として近藤委員長と鈴木氏に口頭で厳重注意した。そして、原子力委員会事務局に電力会社員が出向している体制を見直すことになった。原子力委員も、5人から3人に減った。

鈴木氏は唇を噛んでこう吐露する。

「そもそも原子力委員会は、本当に公正に運営できる体制にあったのか。全体として『われわれ原子力委員会も推進機関。電事連や原子力関係者と協力して進めていくもの』という認識が強く、そうではないと政策も実現できないという認識が強かった。さらに事務局に『専門家を入れる』との名目で多くのスタッフが電事連やメーカーなどから出向している。そういう体制で原子力委員会は運営されていた。そういった体制・組織のなかで、政策を変えるって大変ですよ。秘密会合問題のあと、事務局スタッフから関係者はいなくなり、より独立した立場から政府に提言するように体制が変わったが、実質はむしろ弱体化されてしまった。政府の政策を監視する機関が必要という福島第一原発事故の反省も生かされていない」

この秘密会合問題は何だったのか。実際に勉強会の蚊帳の外に置かれた小委員会委員はどのように受け止めているのか。脱原発を訴えている一人で、勉強会に呼ばれなかった委員の伴氏に聞いた。

「勉強会によって議論が曲げられた事実はなかったが、報道されたことで原発に懐疑的なことも言う鈴木さんが厳しい立場に置かれ、時に監視役も担う原子力委員会が弱体化するきっかけになったと思う。なぜこのような報道のされ方をしたのかが疑問だ。私は記者から『経産省の人からリークがあった』と聞いた。誰が、何の目的で記者に話したのか。『鈴木外し』や原子力委員会弱体化が狙いだったのでは」

つまり、秘密会合を逆手にとってミスリードを目論んだ勢力がいたということなのか。

学会の内部告発規定に圧力

原子力ムラの「学」「官」「業」が一堂に会するのが「日本原子力学会」である。１９５９年に、「原子力の開発発展に寄与」する原発推進団体として発足し、学術界、国、事業者、メーカー、研究機関らが集う。会員は約６０００人だ。学会長は、大学教授、原研、電力会社役員などが務める。政府の審議会などに人材を送り込み、原発推進を後押ししてきた。学会ホームページでは最新の役員の一覧が公表されており、２０２３年６月時点では18人の理事のうち、会長は大学教授で、以下、東電が2人、三菱重工グループの会社や日立GEニュークリア・エナジー、東芝エネルギーシステムズが1人ずつ入っている。

予算規模は約2億円。学会の2022年度事業報告によると、同年度の経常収益は約1億9900万円にのぼる。うち会費収入が1億730万9000円と安定的な大きな収入だ。また、事業収益が約7600万円で、受託研究や英文論文誌発行などを行っている。

学会は国や電力会社からの委託事業も多く受けている。例えば、2007年度には文部科学省と経済産業省が連携して実施する「原子力人材育成プログラム」のうち、大学の原子力関係学科での採用を目指す標準的なカリキュラムや教材を調査・開発する事業を受託している。

そんな原子力ムラの中心である同学会とは、どんな組織なのだろうか。元原子力安全委員会委員長代理で大阪大学名誉教授の住田氏は2000年に学会会長に選ばれ、その体質に直面したという。

学会では、1995年12月の高速増殖原型炉「もんじゅ」のナトリウム漏洩事故や、1998年の使用済み燃料輸送容器のデータ改ざん問題などが起こったことから、倫理規程を設けることが決まっていた。

住田氏は、「ムラは相次ぐ事故やトラブルで〝閉鎖的〟と批判を浴びたため、原子力学会に内部告発規定を設けるなど社会とのギャップを埋めようと努力してきた」と話す（「サンデー毎日」２０１１年5月1日号より）。

会員に内部告発を促す倫理規程の「行動の手引」を設け、「会員は、組織の守秘義務に係る情報であっても、公衆の安全のために必要な情報は、これを速やかに公開する。この場合、組織は守秘義務違反を問うてはならない」と定めた（２００１年9月25日、第４３６回理事会で承認）。

ところが、住田氏は、「産業界からは相当の圧力がかかりました。日本原子力学会には、学者のほかに、電力会社やメーカーの技術担当部長らも役員として加わっているんです。間に挟まる彼ら（役員）は、つらかったと思いますよ。会社の別の方から抵抗されたわけですから」と振り返る（「アエラ」２０１１年4月18日号より）。

元学会幹部によると、具体的な圧力とは「カネ」だった。学会にはメーカー、電力会社などが賛助会員として多額の会費を一口5万円で払っている。この口数を「20口か30口（１００～１５０万円）かもらっているのを一桁減らすと言ってきた。何とか思いとどまってもらった」という。

一方、前出の元原子力委員会委員長代理の鈴木達治郎氏は、原子力学会員で学会誌編集委員会の委員の一人を務めたことがある。内部告発規程の「組織の守秘義務に係る情報であっても」という部分について、こう話してくれた。

「社会よりも『組織の論理が上にくるべきだ』という意見が多く、えらい反対があったと聞きました。学会員の7、8割が電力会社や研究機関など組織に属した人です。大学の職員が2割ぐらい。組織の論理で発言する人が多かった」

こうしたなかで、圧力を乗り越えて内部告発規程を作っても、東電の津波対策不備の告発には結びつかず、事故は防げなかった。

鈴木氏は言う。

「組織文化が強く、思考停止に陥る恐れがある。これが福島第一原発事故につながった」

事故後に明らかになった福島第一原発の多くの不備。私は福島第一原発で働いていた技術者たちから、「以前から津波対策が弱いと思って、言ってはきたんだ」という声を多く聞いてきた。組織の論理で、安全性が優先されなかった結果、多くの犠牲が出てしまった。

学者は研究資金のために原発擁護

原子力を研究する学者の大半が、原発擁護の発言を繰り返している。

ある元大学教授は、「教え子たちがメーカーに就職してお世話になっているし、電力会社から自分の研究室の研究費ももらっていた」と私に話していた。鈴木氏も、「なぜ学者が原発に執着するのか。電力（会社）がそっちにお金を出すからです。研究資金は権力に寄り添うほうがもらいやすい。大学で普通に研究しているとお金はもらえない。言うことをきかないとカットされてしまう」と言う。

また、国の方針に沿う発言をしていれば政府の審議会委員になる道も開けてくる。特に、「東大そのものが政府のための大学のようなところがあり、東大の先生方は政府の審議会のメンバーになることが多いし、それを目標にしている人も多い」（鈴木氏）という。また、東大のある名誉教授は、「審議会委員をいくつやったかで教授にいつなれるかが決まる」とも話していた。

原子力研究者の男性によると、原子力は狭い世界で定年後の再就職先が限られるため、仲間内で融通しあうといい、「自分も誘われたが断った。引き受けると物が言えなくなっていくんだよね」と明かした。

原子力の業界を守り、盛り立てることが、自分や家族、研究室の教え子たちの生計手段と一体化するのである。

朝日が道を切り開いた原子力ＰＲ広告

本章の最後に、メディアが原子力ムラとどのように関わってきたかを見ていきたい。

電事連のメディア広告戦略について、電事連の広報部長だった鈴木建《たつる》氏が、自著『電力産業の新しい挑戦』（１９８３年、日本工業新聞社）に記している。

鈴木氏は元記者で、日刊工業新聞社、時事通信社、ダイヤモンド社などを経て、電事連広報部長、理事を務めた。１９８１年には東電顧問に就任している。

１９７４年の東電柏崎刈羽原発のＰＲについて、鈴木氏はこう記している。

〈私は、当時の朝日新聞論説主幹の江幡清さんとはかねてから親しかったので「（中略）原子力のＰＲ広告を出した場合、社会部や科学部あたりから問題が出ることはないか」と相談したのである〉

私が以前勤めていた北海道新聞では、先輩たちから「編集と営業は分離している」と口酸っぱく言われていたので、新聞社の論説主幹が広告の相談を受けたという記述に驚いた。

ところが、同著によると江幡氏は、「わが社の方針は、原子力発電は将来の国民生活に必要なものであることは認めている。安全性の追及は別だがね。したがって、意見広告のごときはいいのではないかと思うが、調べたうえで返事をする」と答えたという。そして、間もなく江幡氏からＯＫの返事がきたので、１９７４年夏から月１回、10段の原子力広報を打ち出したのである。広告は日本原子力文化振興財団の名前で出された。

朝日新聞に原子力のＰＲが載り始めると、早速、読売新聞が飛んできたという。

〈「原子力は、私どもの社長の故正力松太郎さんが導入したものである。それをライバル紙の朝日にＰＲ広告をやられたのでは、私どもの面目が立たない」というのであった。（中略）これを機会に、読売は熱心に取り組んできた〉（同著より）

さらに、〈朝日の新聞界への影響力はさすがに大きかった。地方新聞も朝日の線ならよろしいという答えが出てくるようになった。毎年〝原子力の日〟の政府の原子力広報が全国の地方新聞に掲載できるようになったのも、朝日へのＰＲ広告の掲載が道を開いたものだと思っている〉と鈴木氏は書いている。

どれぐらいの予算が計上されていたのだろうか。北海道新聞が２０１１年９月２日付の紙面でこう報じている。

〈電力10社の有価証券報告書によると、マスコミ広告費のほか原発のＰＲ施設の運営費などの経費も加えた「普及開発関係費」は、昨年度だけで計約８６６億円にのぼる。電事連の広告宣伝費は、過去５年平均で年約20億円という〉

記者仲間から「うちの社では広告の関係で原発の記事は書けなかったから、雑誌で書いていた」という話はよく聞くことだ。その体質は、原発事故後も変わっていない。原発検証企画を書いていた取材班の一人が管理職から、「経済界からいつまであの企画をやっているんだと言われた」と苦言を呈されたこともあった。

原発に対する朝日の姿勢は「イエス・バット」

私は子どものころから朝日新聞も読んできたが、どうしても気になっていることがあった。原発報道について、朝日新聞はどういう姿勢で取り組んできたのか。安全性が大事とは書いてあるが、反対とは書いていないように見える。紙面には、連載「核燃料」、広告コラム「エネルギーのはなし」などが掲載されたため、朝日が原発について前向きなのではないかという意見を多く聞いていた。

２０１１年３月10日、私は旧知の朝日新聞元科学部長の柴田鉄治氏と元編集局長の外岡秀俊氏らと昼食をともにした際、２人にその疑問をぶつけてみた。

「朝日は原発に対して、どういう姿勢なのですか」

柴田氏は、少し困ったように笑った。目尻が下がる。優しい眼差しの人だ。またこの質問ですか、と言っているかのように見えた。

「イエス・バットだ」

外岡氏が答え、柴田氏がうなずいた。

「イエス・バットって何なんですか。日本語で答えてくださいよ」

「是々非々ということだ」

「何なんですか、それは」

私は納得できなかった。

イエス・バット——。「はい」が先に来ている。容認が前提ではないだろうか。「是々非々」は、「いいものはいい、悪いものは悪い」ということだ。同じ意味とは思えない。原発はいずれも地方にある。東京の本社にいる人たちは、事故時に被曝する覚悟で向かわねばならない緊張感を経験していないからわからないのだろうか、という失礼な疑問まで頭をよぎった。

実は、20年ほど前に北海道の泊原発でトラブルがあった際、道新の記者だった私は、札幌から現場へ取材に向かったことがある。車の中で、事件担当記者の同僚とカメラマンは、時折無言になった。事故の状況が公表されておらず、「新たな情報はきてないんですよね」、「最悪の状況になった場合はどうなるんですか」と言い合った。

当時、道新は原発について、危険性を含めて手厚く報じていた。だから、どの社よりも長時間、現場にいることになるのは間違いない。私たちも、住民も、作業員も、常にいつ被曝するかという不安と同居しないとならないのだと感じた。こうした経験から、原発事故に対する恐怖心を少しは感じているつもりだった。

そしてこの柴田氏、外岡氏との会話の翌日、東日本大震災、原発事故が起きたのだ。

私は、何とか現場に近づこうと近隣の地域に通い、ルートを探った。行けそうな方法を見つけ、上司に提案した。その上司から電話がかかってきた。

「提案は許可されそうだ。子どもはもういいんだな」

息がつまった。予期していない質問だった。

「はい」

原発取材は、ここまで人に覚悟を強いるものなのだ、と実感した。

しかし、しばらく待っても上司からこの件について指示はなかった。私が上司に尋ねると、「途中まではいったんだけど、上層部に却下された」とのことだった。

朝日新聞の「イエス・バット」が何だったのか、私はその意味を紙面で知ることになった。

朝日新聞は原発事故後の2011年10月、メディア上で原子力がどう語られ、どうやって「安全神話」の形成につながったのか、その歴史を振り返る連載「原発とメディア」を始めた。そのなかに、イエス・バットの言葉が出てきた。

〈1977（昭和52）年2月、朝日新聞調査研究室は、東京、大阪、西部、名古屋の各本社から計5人の記者を集めて「原子力共同研究班」を発足させた。目的は（1）原子力発電に詳しい記者の養成（2）社内用の手引書の作成——の2点。キャップは科学部の大熊由紀子だった。（中略）4月8日には、当時57歳の論説委員、岸田純之助（91）から話を聴いた。岸田は46年入社。主に科学朝日編集部で20年近く取材活動にあたったあと、68年に論説委員になり、以後、原子力社説を書いてきた。

研究の開始にあたって、岸田が言った。

「イエス・バットだ」

「原子力発電は容認する。しかし、それには厳しい条件がある。軍事転用しないこと、安

全性と経済性を確立すること……」〉（２０１２年１月４日付夕刊「容認の内実（20）」より）

　朝日は原発を容認していた。この記事でキャップとして記されている大熊由紀子氏は、当時他社にいた私でも知る著名な記者だった。１９７６年の連載「核燃料」（全48回）で原子力技術は安全だ、と説明しながら、開発の現状などを紹介し、〈「絶対安全」なものしか許さないとしたら（中略）ダム、自動車、列車、薬をはじめ、すべての技術を拒否して、原始生活に戻らねばならなくなる〉、〈原始生活には「飢え」や「凍死」や「疫病」という別の危険がつきまとう〉と書いていた。

　こうした背景があるため、これまで長く電力会社ＯＢや原発反対運動をしている人たちに話を聞き歩いた際には、朝日新聞への反感を口にする人たちがいた。ある東電ＯＢは、在職時に「社内で反原発を訴えていたら、東電の上司に大熊由紀子の連載を示され、『朝日も原発はいいと言っているんだ』と責められた」と憤っていた。

　大熊氏はどう思っているのか。連載「原発とメディア」で上丸洋一朝日新聞編集委員が大熊氏に取材していた。

　大熊氏は、「エネルギーが不足した時にまず第一にしわ寄せを受けるのは（社会の）下積みの人たちです」と語ったという。二人のやり取りは次のとおりだ。

〈――その考えにかわりはありませんか。

「かわりません。エネルギーがあるから人工呼吸器も動く。エネルギーが乏しければ必ず弱者にしわ寄せがいきます」

――福祉のため、と言っても、福島の原発の直接の受益者は東京周辺の住民でした。事故後は多くの人々が故郷を追われ、避難先で亡くなる人もいます。

「76年に連載『核燃料』を書いた時点で想定していたのは、強烈な地震でした。津波のことを全く思い浮かべなかった不明を恥じています」

――朝日新聞は原発について「イエス・バット」を社論としてきました。

「安全性の確保など、バット以下の条件は言わば当たり前のことです」

――新聞記者として、原子力推進側に寄りすぎていたという認識はありますか。

「原発廃絶（今の言葉では脱原発）の主張に従わなかったのは確かです。それは反原発に傾くメディア総体への挑戦でした。『推進側に寄りすぎ』というのは根拠の薄い、不正確なレッテルだと思います」

――ジャーナリズムの役目として、原発や原子力行政を厳しく監視しなければならないと思いますが。

「その通りです。ですから、電力会社、メーカー、行政の直輸入志向を繰り返し批判しました。薬害は問題ですが薬をなくせとはなりません。原発をなくせという方を批判したのはそのような理由からです」〉（２０１２年1月18日付「朝日新聞」夕刊より）

避難者の現状や前述の連載を踏まえて今の思いを聞かせてほしいと大熊氏に２０２３年9月に取材を申し込んだが、「お断りさせていただきます」と応じてもらえなかった。

福島第一原発事故を受け、朝日新聞の社説は変わった。２０１１年7月13日に１面で〈いまこそ政策の大転換を〉〈提言　原発ゼロ社会〉の見出しで〈原子力発電に頼らない社会を早く実現しなければならない〉と掲載し、その後は原発ゼロを訴え続けている。前述の連載「原発とメディア」は、この経緯を描いており、私が質問した元科学部長の柴田氏が登場する。

〈論説主幹の大軒由敬（62）は科学部にもいたことがあり、同部の先輩でもある論説ＯＢに社説の転換について意見を求めた。２０１１年5月のことだった。

柴田鉄治（77）と武部俊一（74）。いずれも科学部長と論説委員の経験者だ。

「当然だ。大いにかじを切りたまえ」と、柴田は言った〉（２０１２年12月21日付「朝日新聞」夕刊より）

柴田氏は、著書『原子力報道』（東京電機大学出版局）を２０１３年１月に出版し、〈半世紀にわたる日本の原子力報道の歴史は「失敗につぐ失敗だった」といっても過言ではない〉と自省したうえで、５つの失敗をあげている。

〈どんな科学技術にもプラス面とマイナス面があるのに、事故の深刻さや廃棄物処理の難しさなど原子力の特異性を軽視してバラ色の夢を振り撒いた１９５０〜１９６０年代の第１の失敗。

反対派が登場した対立の時代に「絶対安全」を説く推進側の非合理を衝かずに反対派を非科学的だと攻撃した１９７０年代の第２の失敗。

米スリーマイル島事故やソ連のチェルノブイリ事故などで、世論は反対にまわったのに、世論と政策との乖離を衝かなかった１９８０〜90年代の第３の失敗。

省庁再編にからめて推進も規制も手中に収めた経済産業省の横暴を批判しなかった第４の失敗。

そして、福島原発の事故が起こってからは、事実に肉薄せず「発表依存」に陥った第５の失敗〉

柴田氏の指摘はその通りで、メディアがしっかりチェック機能を果たしていれば、安全対策にこれほどの手抜きもなかっただろう。また、事故が起こってからの対応でも、被害をもっと小さくすることができたかもしれない。

これまで描いてきた原子力ムラの癒着や暗躍は氷山の一角だろう。

原子力安全委員会の元委員長代理は私に、「マスコミに見せていた会合はお遊戯会で、本番は事前に終わらせていた」と話していた。過去の記者たちが知りえないほど巧妙に隠されていたのか、それとも彼らは知っていて書かなかったのだろうか。

原発事故後、柴田氏は、避難者や原子力関係者の取材を続ける私を応援し続けてくれた。地元の神奈川県川崎市のＮＰＯ法人で、私が原発事故避難者について講演する機会を設けてくれたり、柴田氏が代表委員を務めるＪＣＪ（日本ジャーナリスト会議）の私の講演に足を運んでくれたりするなど、励まし続けてくれた。

だが、２０２０年に腎不全のため85歳で亡くなった。生前に、もっと朝日新聞の原発報道の歴史を聞いておけば良かった、と後悔している。

「東電の了解ない写真」と記者が記者を妨害

原発事故では、メディアも現場に近づけなくなった。発表報道では何もわからない。私

爆発後の4号機の使用済み燃料プール　撮影／今西憲之

がそう思ったように、自分の目で見て伝えなければと挑戦したジャーナリスト仲間たちがいた。ある男性は週刊誌のデスクでありながら現場に作業員を装って入り、名前を秘してルポを書いた。あるフリージャーナリストは実際に作業員として働き、現場の状況を伝えた。

ジャーナリストの今西憲之さん（57）は妨害を受けた。2011年夏、今西さんは4号機の使用済み燃料プールの状況を撮影してきた。4号機のプールが水素爆発の影響でボロボロになり、今にも崩れ落ちそうな姿が写し出されていた。鈴木氏が、「あれほどの爆発ならプールの水はなくなっただろう」と思ったほどの爆発だ（第2章参照）。

これまで報道機関に公開されていたのは陸側からの写真ばかりだったが、今西さんは海側から撮影した。建屋のコンクリート壁が岩のかたまりのように飛び散り、鉄骨が飛び出していた。東電が公開しない不都合な真実だった。

今西さんが新聞社系の雑誌に発表しようとしたところ、突然、どこからか情報を聞きつけた系列の新聞社の科学記者が、「東電の了解なく撮影された写真だ」と圧力をかけてきた。

私が取材を進めるなかで、事の顛末がわかった。今西さんが写真について見解を得ようと原子力専門の学者に写真を見せたところ、その学者が今西さんに無断で新聞社の科学記者に見せ、「4号機が大変なことになっている。こういう実態を新聞でも報じたほうがいい」と伝えたため、情報が漏れたのだ。その記者が東電に確認し、許可なく撮られた写真だと系列の雑誌に圧力をかけたということだろう。その記者は、東電を怒らせたら自分の取材に不利になると思ったのだろうか。

ほかにも、ある記者が除染事業の問題を記事にしようとしたところ、科学記者が記者の上司に「国が、取材手法が問題だと言っている」と、事実ではない言いがかりをつけてきて戸惑った、という話も聞いた。

一方で、ある原子力の権威は、科学記者の便宜で国際音楽祭の記者パスを入手して無料で鑑賞できたと私に証言していた。私は警察担当が長かったが、警察の不正行為に加担する先輩記者たちがいた。一体化すれば情報を得られやすくなり、社内での立場がよくなると考える人たちもいる。同様に、一体化してしまった一部の科学記者たちの身内意識が報道の妨害をもさせるのだろうか。

鈴木氏は、「審議会委員になっていた読売新聞論説委員もいたが、あれはどうだろうと思った」と話していた。調べてみると、その論説委員は会合で「原子力を将来も維持していくための方策について議論を期待したい」などと発言しており、今は原子力関連団体の理事に再就職していた。

原子力ムラは、中曽根氏らが進めた法整備と予算で、国策として膨大な予算がつくようになった。原子力ムラの特色について、鈴木氏は言う。

「国策で原子力により利益を生み出す人たちがいる。ほかの産業と違うのは、軍事と結びついているため機密性が重視され、閉ざされた世界なんです。この閉鎖性は解消されていない」

軍事と結びつくとはどのようなことか。次章では、この点について考えていきたい。

第5章　原発と核兵器

脱原発と核抑止力

日本が本当に脱原発に舵を切ろうとした、民主党政権下の2011年夏、原発と軍事の関係が表面化したときがあった。

まず、当時の世論を振り返ると、東日本大震災から3カ月後の2011年6月11日、市民団体が「脱原発100万人アクション」を呼びかけ、国内約140カ所で、約7万9000人（主催者発表）がデモに参加している。また、映画監督の宮崎駿氏も東京都小金井市のスタジオジブリ屋上に、「スタジオジブリは原発ぬきの電気で映画をつくりたい」と書いた横断幕を掲げ、周辺でデモを行った。宮崎氏は、「僕らはここに保育園も持っているものですから、放射線の線量には人一倍気を遣うんです」、「払える努力は最大限払っておいた方がいいって思うしかない」と園の池の底の泥を掃除したことなどを語っている（スタジオジブリ「熱風」2011年8月号より）。フランスや台湾などでもデモが行われた。

読売新聞の世論調査（7月1～3日）では、「今後、国内の原発をどうすべきか」との問いに対し、回答は、「減らすべきだ」が46％、「すべてなくすべきだ」が19％となった。朝日新聞の世論調査（7月9、10日）でも、「原子力発電を減らし、将来はやめることに賛成ですか」との問いに対し、賛成が77％、反対は12％だった。

そして、同年7月13日、官邸の記者会見で菅直人首相は、「原発に依存しない社会をめざすべきだと考えるに至った。計画的、段階的に原発依存度を下げ、将来は原発がなくてもやっていける社会を実現していく」と表明した。脱原発のうねりができていた。

しかし、その1カ月後の8月10日、読売新聞が社説で異を唱えたのである。

〈社説「核燃サイクル　無責任な首相の政策見直し論」

近隣国に目を転じれば、原子力は一層、存在感を増している。

中国は先月から高速増殖炉の発電運転を開始した。韓国は、日本と同じく再処理を始める、との方針を示している。北朝鮮は、核兵器開発に固執している。

日本は、平和利用を前提に、核兵器材料にもなるプルトニウムの活用を国際的に認められ、高水準の原子力技術を保持してきた。これが、潜在的な核抑止力としても機能している。

首相の無責任な言動には、こうした配慮がうかがえない〉

「核抑止力」、つまり、日本を攻撃すれば、核攻撃で反撃すると恐れさせる力だ。それを手放すのは無責任ではないか、ということだ。

その6日後には、石破茂氏も同様の発言をした。防衛庁長官、防衛大臣を歴任し、当時は自民党政調会長だった。石破氏は8月16日、テレビ朝日「報道ステーション」のコーナー「原発　わたしはこう思う」で次のように語った。

「日本は核を持つべきだと私は思っておりません。しかし同時に、日本は（核を）作ろうと思えばいつでも作れる、1年以内に作れる、と。それはひとつの抑止力ではあるのでしょう。それを本当に放棄していいですかということは、もっとそれこそ突き詰めた議論が必要だと思うし、私は放棄すべきだとは思わない。なぜならば、日本の周りはロシアであり、中国であり、北朝鮮であり、そしてアメリカ合衆国であり、同盟国であるか否かを捨象して言えば、核保有国が日本の周りを取り囲んでおり、そして弾道ミサイルの技術をすべての国が持っていることは決して忘れるべきではありません」

1年もたたずに核兵器を作れる、という言葉については、笠井氏含め、複数の専門家が「IAEAの査察を拒否したうえでの話になりますが、おおむねその通り」と認めた。

この3週間後、読売は再び、〈展望なき「脱原発」と決別を〉（同年9月7日付）との社説を掲げた。そして、石破氏は、雑誌「SAPIO」（同年10月5日号）で、「原発の技術があることで、数カ月から1年といった比較的短期間で核を持ちうる。加えて我が国は世界有数のロケット技術を持っている。この2つを組み合わせれば、かなり短い期間で効果的な核保有を現実化できる」と主張した。

核抑止力論には批判が巻き起こった。

長崎市の田上富久市長は同年10月31日の定例記者会見で、「基本的にその考え方はおかしい」、「核抑止力という考え方そのものが違う。核保有国が増えている現状を見る限り、（核の保有が）安全に寄与していないことは歴史的に明らかだ」と指摘した。

ノーベル文学賞作家の大江健三郎氏も同年10月19日付の朝日新聞に、〈原発が「潜在的核抑止力」とは　前例なき民主主義無視の論〉と題して寄稿している。

〈今度の大事故によって、原発の建設時にさかのぼり、今日の東電・政府の情報開示の仕方にまで、いかに民主主義の精神が欠落しているかを、私らは思い知りました。しかしこの抑止論ほど徹底した民主主義の無視は、例がなかったのじゃないでしょうか？

あまりにも正直に、原発をなくすということはその潜在的抑止力をも放棄することになると、おなじみの伏し目の憂い顔で威嚇する政治家は、この致命的な両刃の剣を手にすることについて、いつ国民の合意をえたのでしょうか？〉

こうした日本も核兵器を作るべきだという主張は、古くからあった。

１９６７年から2年半、佐藤栄作政権のもと、内閣調査室で日本の核武装が検討された。外務省が１９６９年に作成した内部資料「わが国の外交政策大綱」には次のように記載されている。

〈当面核兵器は保有しない政策をとるが、核兵器製造の経済的・技術的ポテンシャル（筆者注：潜在的能力）は常に保持するとともにこれに対する掣肘《せいちゅう》（同：周囲からの干渉）をうけないよう配慮する〉

当時の議論を知る外務省関係者は、「核兵器保有という選択肢も、理論上はあるという話だ。一切、核を持たないと言う必要はない」と発言している（２００５年8月2日付「朝日新聞」より）。

第4章で触れたとおり中曽根氏は、ＧＨＱがサイクロトロン（原子核の研究装置）を沈めたことをきっかけに、原発導入を進めてきた。防衛庁長官だった１９７０年、私的に専門家グループを招いて核武装の是非を研究させた。「当時の金で2千億円。5年以内で出来るというものだった」と明かしている（著書『自省録』新潮社より）。

また、１９５７年から約3年半にわたって内閣総理大臣に在任した岸信介は、「平和利用にせよその技術が進歩するにつれて、兵器としての可能性は自動的に高まってくる。日本は核兵器を持たないが、潜在的可能性を強めることによって、軍縮や核実験禁止問題などについて、国際の場における発言力を強めることができる」と書き残している（『岸信介回顧録』廣済堂出版より）。

その考え方は今でも残っており、核兵器を持つ可能性があるか否かで「国際的な発言力が違う」という主張を、私も政治家や政治記者から直接、よく聞いてきた。

保有するプルトニウムは原爆約６０００発分

原発を動かすたびにプルトニウムが生じ、日本が保有する量はいまや約45・１トンにのぼる。原爆約６０００発分だ。国内分は９・３トンで、英国で保管されている分が21・８トン、フランスで約14・１トンになる（２０２２年末時点）。

原発を持っていることが潜在的核抑止力だとして、本当に日本は持つべきなのか。

核兵器の恐ろしさを被爆者に聞きたいと、元東京都立大学総長の佐野博敏さん（当時92）に会いに行った。２０２０年９月25日、東京・三鷹市の自宅で応じてもらえることになった。

客間に通され、斜めに相対して座ると、滑舌のよいはっきりとした語り口で話し始めた。

戦争末期、佐野さんは広島工業専門学校生で17歳だった。山口県との境にある広島県大竹町（現・大竹市）の軍需工場、三菱化成工業（現・三菱ケミカル）大竹工場に勤労動員され、寮で暮らしていた。1945年8月6日の午前中は、大竹工場の軍事教練がある予定だった。8時過ぎに寮の玄関を出ようとしたときに、辺りが一瞬、ピカッと強く光ったという。佐野さんのいた場所は、爆心地から30キロほど離れていた。青い晴れた広島市の上空に、雲が上がっていき、キノコ状になっていくのが見えた。そのうちドカンという空中に轟くような音が聞こえた。何が起きたのか分からなかったが、学校が休校になって学生たちが喜んでいた。

一方で、山陽本線の列車が来なくなり、「静かだ」と話題になった。次第にケガをした人々が、広島市から歩きで戻ってきていた。火薬庫が爆発したという話も聞こえてきた。夕方になると、佐野さんのいた大竹町から広島市の空が真っ赤に燃えているのが見え、大騒ぎになった。広島市には母がいる。すぐに駆け付けたかったが、鉄道も破壊されていた。

勤労動員先の三菱が広島市行きの蒸気船を用意してくれることになり、佐野さんは未明に瀬戸内海から広島市に向かった。間もなく市内を流れる元安川河口の船着き場に着くところで、あたりは薄明るくなっていた。そのとき佐野さんは、背びれを焼かれながら漂っ

佐野博敏氏

ていたフナを見た。「泳ぐ焼き魚」だと思った。

家は爆心地から1キロ足らず。川は、死体で溢れていた。手の先から皮がずるむけた人たち、焼かれた人たちがよろよろと歩いていた。うずくまっている人たち、動かず倒れている人たちもいる。母親を捜して市内中を歩き回った。あちこちに人々が横たわり、顔の識別が難しいほどひどいやけどを負っている人も多かった。

負傷者に「お母さん」と呼びかけ、反応を見る。死体やけが人を見たりして捜した。死体を焼くところ、首が焼け落ちた死体が火の中に入れられるところを目にし続けた。

原爆投下から6日ほど後、「こんなことを繰り返すうちに母の死を覚悟した」という矢先、「国民学校にいる」と連絡があり、ようやく講堂に横になっている母親と再会することができた。全身にガラスが刺さり、出血多量の重傷だった。そこにも多くの人が息も絶え絶えに寝かされていた。

佐野さんが絶望的な思いで歩き回っていたとき、母親は「ひろとし、ひろとし」と横になって息子の名前を呼び続けていたという。感動的な再会のはずだったが、いざ対面すると佐野さんは、「生きていたの」と言い、母親は「ひろとし、何でここに来たの」というやりとりになった。佐野さんは、この瞬間までもう母がだめかもしれないと思いながら捜し続けていた。母親も息子のことを寝たきりの状態でずっと気にしていた。しかし、このとき、なぜかお互いに、こうして会うのは当然だという気持ちだった。そばで見ていた男性はのちのちまで「不思議な光景だった」と言っていたという。

佐野さんも今でも言い知れぬ思いを持ち続けている。「歩きながら、多くの焼けただれた遺体を母ではないかと見ていた。生きている姿を見たときに、私の心がそれまで持っていた『母は恐らく亡くなった』というショックが瞬時に忘れさられて、日常に戻ろうとしたのかもしれない」と振り返っていた。

母親は重傷で横になったまま身動きもできず、髪の毛は抜けて頭が薄くなっていた。白血球の数値は、正常値が約７０００のところ、当初２０００以下まで低下している。しばらくして上がり始め、1年経ったころに正常値にようやく戻った。母親は髪が抜けた頭を黒い風呂敷をかぶって隠した。当時、多くの広島の女性が風呂敷をかぶっていた。数カ月後、周囲では無傷の人に紫斑《しはん》が出て、その後死亡するという事例が続いていた。2次放射能障害と呼ばれた。母子は大竹町の親戚宅に避難し、母親は医師のもとに通ったが、その医師にも紫斑が出た。医師は、広島市内への空襲に備え、延焼予防のために建物を壊す「建物疎開」をさせられていたときに被爆していたのだ。その後、医師は白血病で亡くなった。

母親は回復し、80過ぎまで生きた。後に佐野さんは、「母は外に出ず横になっていたために、かえって原爆投下後も続いていた被爆をせずに助かったのだ」と思った。

一方、佐野さんは2度大腸がんを患ったが、原爆との因果関係はわからないという。

終戦後、混乱のなか専門学校の授業は再開され、佐野さんは東京大学理学部に進学した。木村健二郎教授の無機化学講座に入り、大学院に進んだ。

佐野さんが大学院生のとき、第五福竜丸事件が起きた。木村教授は同船の乗組員が浴びた放射性降下物、いわゆる「死の灰」や、半年後に亡くなった船員の久保山愛吉さんの臓器、船員の所持品や衣類などの分析を依頼された。木村教授は戦時中に旧陸軍の要請で原爆を研究していた一人でもあり、知識があったためだ。木村教授が「死の灰」を解析した結果、ウラン２３７が検出された。それに基づき、アメリカ軍の水爆の構造を突き止めている。

２００７年８月23日付の読売新聞に掲載された、第１回国連原子力平和利用国際会議の事務局員・原礼之助氏の言によると、「第五福竜丸の灰に含まれる特殊なウランを手がかりに、軍事機密の水爆の構造を暴き、破壊力が限りなく大きくなることを示した研究は、その後の核軍縮の流れを作った」とされる。

佐野さんは、木村教授の下で放射能研究を手伝うようになった。ソ連が核実験を行い、放射性物質を含む雨（放射能雨）が頻繁に降るようになると、東京都文京区の東大本郷キャンパスの校舎の屋上で放射能雨を集め、研究に利用した。母親には「そんな危ないもの、やめとけ」と言われたが、被爆者たちを苦しめる放射能の正体を知りたいと考え、大学院修了後は木村研究室の助手になる。基礎研究であるメスバウアー分光学をアメリカ留学などで学んだ。これは放射性元素のわずかな科学的振る舞いの違いの研究で、留学から戻った30代のころには国内の第一人者になっていた。

１９７２年に東京都立大の教授になり、大学生向けの教科書『放射化学概論』（１９８

３年、共著、東京大学出版会）などを手がけた。同書は、現在でも学生の教材として読まれるロングセラーとなっている。

被爆者であることは、長らく明かさなかった。

「ぼくが被爆者だと話すと、『被爆者ヅラをするな』とか、高度成長の中で『不景気なことを言うな』と言われた。弟子たちにも被爆者とはいっさい言ってなかった」

福島第一原発事故の避難者も自ら避難者と明かすと、「いつまで避難者ヅラをしているんだ」、「ほかにも災害があるんだ」と言われ、明かせなくなっている。同じ構図である。

佐野さんは１９９３年に東京都立大学の総長を退任したあと、大妻女子大学の教授を経て２０００年に同大学の学長に就任した。70歳を過ぎていた。新任早々、大学から「人生で一番つらかったことをテーマに学生たちに講演してください」と依頼され、被爆体験を初めて話した。母親を探しに広島市内をさまよったことを語り、広島市に入ったときに見た「泳ぐ焼き魚」を自分で再現した絵や、被爆者の絵を見せた。教室は静まりかえっていた。話し終わったあと、学生たちから大きな反響があった。

「みんなしっかり聞いてくれて、いいレポートもくれた。『初めて原爆の実情を知って驚いた』、『皮がめくれて膿がでているようなところまでの話は初めて聞いた。生々しい話だった』という感想が寄せられた」

その後、高校、大学、小学校でも話すようになった。みな、「熱心に聞いてくれた」という。

原発について、佐野さんはこれまで核兵器とは切り離して考えていた。

「副教材もあって、『原子力はありがたいものだ』と思うのは当たり前だった。国民は小学校のころから、『五重の防護があって安全だ』と刷り込まれてきた。私も平和利用であれば、良い方に発展させるわけだからいいと思い、誇大広告とは思ったが、80％ぐらいは信じていた」

福島第一原発事故で、その認識は変わった。

「でも、原発事故を起こし、核実験で汚れていた地球を、さらに汚してしまった。政府はドイツのように早く原発をやめるべきだ。（原発による）被曝当事者の国が真っ先にやめられないとは。首相が賢ければやめられる。自然エネルギーでやっていける」

佐野さんが顧問を務める東京の被爆者の会「東友会」は、「福島第一原発事故の被災者にも被爆者健康手帳のような制度が必要ではないか」と呼びかけてきた。健康手帳があれば、医療費の自己負担が無料になる。自身が2度大腸がんを手術した際には、健康手帳があったので無料で医療を受けられたという。健康手帳の制度が適用されれば、被害者の負担が軽減される。しかし、政府は逆に医療費支援の打ち切りを進めている。

私が、佐野さんに低線量被曝のリスクについて尋ねると、こう答えた。

「どこまでなら被曝しても安全という値はない。浴びなければ浴びないほどいい」

各国の放射線防護対策は、国際放射線防護委員会（ＩＣＲＰ）の勧告にならっている。

ＩＣＲＰは、広島・長崎の原爆被爆者の追跡調査などをもとに、全身への被曝が１００ミリシーベルトでがんの死亡リスクが約０・５％増えるとみており、１００ミリシーベルトより低い線量の影響については、「線量の増加に正比例して発がんや遺伝性の影響が起きる確率が増える」との考え方を採用している。

続いて、核抑止力について聞いた。佐野さんは笑ってこう返した。

「北朝鮮が日本をやっつけようと思えば、原発のどれかにミサイルを打ち込めば同じ事が起こる。あれだけ日本海側に原発が並んでいる。日本は国防上、日本海に弱点をさらけ出している。国防を思うのなら、原発をやめるべきだ」

日本の原発は、愛媛県にある伊方原発を除いてすべて外海に面している。攻めやすい位置に並んでいるという指摘は全くその通りだった。

世界の科学者たちが核廃絶を議論

佐野さんと同様に広島で被爆した、名古屋大学名誉教授の澤田昭二さん（当時88）にも2020年10月に話をうかがった。

終戦間近の1945年夏、澤田さんは13歳だった。家は商店街の呉服店だ。澤田さんは旧制広島第一中学の2年生で、物理が大好きだったが、軍需工場への学徒動員が始まってしまった。8月5日の夜に空襲があったため体調を崩し、6日朝はご飯も食べられずに、離れの窓際で蚊帳を吊った中で寝ていた。突然2階建ての家が崩れ落ち、つぶれた家の下敷きになった。

澤田さんはぐっすり眠っていて、原爆の「ピカ」も「ドン」も気づかなかったという。窓ガラスの破片が飛んできたが、蚊帳が防いでくれた。なければ全身に突き刺さっていただろう。もがいて外へ出ると、最初はすさまじい土ぼこりで太陽光線まで遮られ、焦げ茶色の闇一色しか見えなかった。

だんだん色が薄くなり、周りが見え始めた。

街がなくなっていた。家の周りは建物が密集していて、家の2階からは周囲の家の屋根しか見えない状態だったのに、見渡す限り建物が吹き飛ばされて、視界には何もなくなった風景が広がっていた。

家は爆心地から１４００メートルに位置していた。同じ部屋にいた母親の光子さん（当時36）が、崩れた柱や梁に押さえつけられ、身動きできなくなっていた。澤田さんはすぐに光子さんを引っ張り出そうとしたが、まったく動かなかった。

澤田さんは光子さんを助けようと2時間ぐらい試行錯誤した。父は出張で不在、弟は国民学校に行っていた。通りかかる大人に助けを求めたが、彼らも負傷していて、手伝ってくれた人はいたものの、柱や梁はびくともせず、１人、２人と去っていった。光子さんは澤田さんに、「生き残って勉強して、社会に役立つ人間になりなさい」と諭した。火の手がせまってきたため、「早く逃げなさい」と促す光子さんに、澤田さんは、「お母さん、ごめんなさい」と泣きながらその場を離れた。辺りに道はなくなっていて、がれきの上をひたすら走った。川を泳いで対岸の砂浜へ渡り、逃げ延びた。

澤田さんは、「母は焼き殺されてしまいました。生きていたら、いろんなことをやったと思う」、「母は大正の女性としては珍しく、高等女学校を出て東京の専門学校に進みました。町内会の副会長や婦人会の会長も務めました。落ち着いて素晴らしいことが出来る人だった」と光子さんの人となりを思い出す。

戦後は父親と弟の３人で暮らし始めた。澤田さんが広島大学に入学して物理学を専攻しようとしていた１９５４年に、米軍がビキニ水爆実験を行った。

前述した漁船第五福竜丸が被曝し、その影響を知った物理学者アルベルト・アインシュタインと哲学者バートランド・ラッセルが翌年、「核兵器が人類の存続を脅かしている」と訴える「ラッセル＝アインシュタイン宣言」を発表している。

その宣言に賛同した科学者らが、カナダのパグウォッシュという村に集まり、会議を開いた。日本初のノーベル賞受賞者である湯川秀樹博士も参加した。世界の科学者たちが核廃絶を議論するパグウォッシュ会議の始まりだった。

澤田さんは、米軍の水爆が自分が体験した原爆の１０００倍の爆発力を持っていることに驚愕し、「自分の専門にしようとする物理学が人類を滅亡させることになるかもしれない」と、核兵器禁止運動に取り組むようになった。核兵器と戦争の廃絶のため、大学院後期の１９６５年からはパグウォッシュ会議の日本グループの事務局で活動した。

しかし世界は、核兵器禁止どころか、米ソを中心に核軍備拡張競争が続いた。

これを危惧した湯川は、同じくノーベル物理学賞受賞者の朝永振一郎とともに１９７５

年、「湯川・朝永宣言」を出した。

〈軍備管理の基礎には核抑止による安全保障は成り立ちうるという誤った考え方がある。したがって、もし真の核軍縮の達成を目指すのであれば、私たちは、何よりも第一に核抑止という考え方を捨て、私たちの発想を根本的に転換することが必要である〉

そんな湯川は戦中、旧海軍の委託で京都帝国大学が行っていた原爆開発「F研究」に加わっていた（第3章参照）。湯川が澤田さんにこの件を語る事はなかったが、澤田さんは、「核兵器をなくす行動を熱心にされたのは、関わったことへの後悔の思いを持っておられたということではないか」と振り返る。

私が澤田さんに核抑止力についてどう思うか、問いを向けると、迷いのない答えが返ってきた。

「人類は、戦争では問題は解決しないことを学んだ。国際紛争は話し合いでしか解決しない。軍事力で何かやるというのは時代遅れ。石破さんの核抑止力の発言は時代遅れだと思う。日本も韓国も北朝鮮も含めて話し合いでやっていく態勢を作れば、戦争のない人類社会を実現できる。そうすれば、日本は軍事力に使うお金を人を助けることに使うことが出来る」

被爆者として、そして、パグウォッシュ会議を支えてきた科学者として、湯川らとともに澤田さんが長く歩んできた道なのだと私は思った。

「わずかな被曝でも細胞の中のDNAの損傷が起こり、がん細胞に転化することがありえる。どこまでなら大丈夫というのはない。弟は被爆してからいろんな病気をし、65歳になってがんを発症し、死んでしまいました。僕は被爆の影響だと思っています」

澤田さんは原水爆禁止日本協議会のメンバーとしても、原発建設に反対してきた。福島第一原発事故で再び放射能に苦しむ人たちが出ている現状に心を痛めている。

「国も東京電力も責任を果たさないで、被害者に負担させている。もってのほかだと思う。ちゃんとした生活ができる支援をしないといけない。原発は安全に処理できない。原発を動かすと放射性廃棄物が地球上にどんどんたまる。廃棄物が増え続けている。許してはいけない。原発は使ってはいけない。日本は山や川が多く、自然エネルギーが使える優れた環境にあるのに原発をやっている。逆をやっている。自然エネルギーに転換することで原発をなくせば、本当に豊かになると思う。なのに、政府がぜんぜん取り組んでいない」

澤田さんは強い口調でこう話していた。

岸田氏の言葉に落胆

岸田文雄氏は２０２０年10月21日、記者会見で原発ゼロや、核兵器の使用、保有、開発、実験などを禁じる核兵器禁止条約について問われた。

――日本の原発ゼロについてどう思いますか。

「再生エネルギーの主要電源化を目指すわけですが、一方で、安全は大事ですが安定供給はじめさまざまな課題に向けてバランスある議論をしないとならない。科学技術の進歩によって一瞬にして世界が変わっていく、こういった歴史を本日まで辿《たど》ってきました。今後も科学技術の進歩の中でどうあるべきなのか、バランスをしっかり考えていくのがあるべき姿だと思っています」

――政府に禁止条約への参加を求める声にどう思いますか。

「核兵器のない世界を目指すためにはロードマップを作って一つ一つこなしていくことが大事だと思います。この厳しい環境の中で核の傘というものが存在します。その体制の中にある日本が、核兵器禁止条約と核兵器国をつなぐとしたならば、単に自分が入るということでなく、米国、中国と信頼関係をつくりながら全体を結びつけていく。自分だけ条約に入って終わりというほど、いまの国際情勢が単純ではないと強く思っている」

これまで岸田氏が答えているとおりだ。澤田さんに伝えると、「ばかなことを」と落胆していた。

元原子力委員会委員長代理の鈴木達治郎氏は、東大時代に広島の被爆者の実態を知ったことをきっかけに、日米で核不拡散を追及し続けてきた。委員長代理の任期を終えてから長崎大教授となり、いまは長崎大核兵器廃絶研究副センター長とパグウォッシュ会議評議員をしている。長崎では多くの人が、被爆の当事者から原爆の話を直接聞いた経験があり、核の存在には絶対反対という空気があると感じるという。

原発が、いざとなれば核でやり返せる能力があるとして相手に核攻撃を思いとどまらせる核抑止力のために必要とする一部主張について、鈴木氏はこう言った。

「私は核抑止力というものは信じていません。百歩譲って正しいとしましょう。（それでも）原発は要りません。小さな研究炉と再処理施設があれば十分です。巨大な原子力産業は要らない」

石破氏「原発は安全じゃないが、ゼロにする答えが出ない」

私は、原発は核抑止力になると発言した自民党の石破茂衆議院議員に会いに行った。石破氏は２０２０年10月20日に30分間、議員会館の議員事務室で取材に応じた。

石破氏は、前述したように、「日本は（核を）作ろうと思えばいつでも作れる。それはひとつの抑止力ではあるのでしょう。それを本当に放棄していいですかということは、もっとそれこそ突き詰めた議論が必要だと思うし、私は放棄すべきだとは思わない」と発言していた。

――石破さんの発言について、「原発がテロの標的になる。あんなに多くの原発が日本海に並んでいることの方が危ないんじゃないか」という意見があります。この点についてどう考えますか。

「（私は）原発ゼロであるほうが望ましいと思っている。そして、核がない世界であってほしいと思っている。日本も核を持つべきという論だったことは一度もない」

そう言いつつ、持論を続けた。

「『いざとなったら核が持てる』という能力を持つということは全く無意味かというと、それは議論する価値はあるんだろう。

核廃絶をしながらアメリカの核の傘に頼っている。この矛盾をどう解決していくのかということだと思います。日本が他国から侵略を受けない。報道の自由、思想、信条、みんな否定される国にしたくない。そのために、抑止力が必要だろうと思っている。核廃絶とアメリカの核抑止力の信頼性向上はどうして両立しない。悩んでいて、考えていると夜寝られない」

　石破氏は少々疲れているようだった。このインタビューは、石破氏が、9月の自民党総裁選で敗れたことの責任をとって派閥会長の辞任を表明する2日前だった。

――「もし核抑止力のために原発が必要としても、小さな研究用原子炉と再処理施設があれば足りる。巨大な原子力産業は要らない」と元原子力委員会委員長代理の鈴木氏が言っています。

「そうかもしれない。正しいと自信をもって言うだけの知識がない。間違っていると言うだけの知識もない。

　原子力をやめるときに、廃炉には気が遠くなるだけの時間がかかるし、でもあきらめてはいけないし、次の世代に委ねるべきだとも思っていない。目いっぱい享受した、われわれ世代が解決すべき問題だと思っています」

――国防のためにも原発を止《や》めるべきだという指摘があります。自衛隊の装備を担当していた人に聞いたら、これだけ原発が点在していると守り切れないと言っていました。守り切るだけの装備はないと。

石破氏に会う前に、私は自衛隊の装備を担当していた人に聞いた。「原発にミサイルが落ちてきたら守れますか」と。彼は笑いながら、「今あるイージス艦とパトリオット（地対空ミサイル）では1カ所、２カ所なら何とか守れると思いますけど。これだけ原発がたくさんありますからね。とてもじゃないですけど」と言っていた。このやりとりを話した。

石破氏は苦笑いした。

「私は（防衛）大臣として、『どうするんだ、それ』と言ってきました。そういうリスクを少しでも減らしていかないとならない。でも『怖いことを語っちゃいけない』という雰囲気がある」

電源喪失を想定していなかったから福島第一原発事故が起きたのである。同様に、攻撃を受けることを想定していないから備えもない。のちに更田《ふけた》豊志原子力規制委員会委員長が日本国内の原発がミサイル攻撃を受けた場合、「放射性物質が攻撃自体によってまき散らされてしまうことですので、こういったことは現在の設備で避けられるものとは考えていません」と衆議院経済産業委員会（２０２２年３月９日）で述べている。

——原発が軍事的に守れるかという議論をすると、安全という神話を崩すからしなかったのですか。

「安全じゃない、ということがわかったじゃないですか。要は悩んでいる、というのが正しくて。悩んでいても、考えても、考えても、答えが出ない。原発ゼロにしたいです。平和な世の中をつくりたいです。その思いはなくしません」

もう約束の終了時間がせまっていた。最後に、石破氏が「原発ゼロ」と語るのをこれまで聞いたことがなかったので、確かめたくて尋ねた。

——原発ゼロにしたいと思う理由は？

「再生エネルギーで、エネルギーの供給は可能だということです。ただ今すぐ可能ではない。原発の保守管理で電力会社の人たちは一生懸命やっている。原発ゼロだと政策を正面に掲げないのは、『そこに至る道筋をどうするんだ』と自分で納得できていないから」

——首相が決めれば予算もつく。民間の力だけでは……。

「そうでしょう。国家予算をどう振り分けるかに、政治家は正面から向き合わなければならんでしょう。一方で（エネルギーの）自給はどうするか。エネルギーが逼迫したというのが前の戦争を引き起こした原因の一つでもある。どう賄っていくか、知識を深めたい」

――ゼロにしたいと思ったのは。

「ゼロにしなきゃいけないけれども、道筋を示さなければ政治家として責任をとれない。技術をどうするのか、お金を負担するのは納税者か、電力か。誰が負担するか議論を詰めないと、理想は理想で終わってしまう」

私はあえてもう一度、同じ質問を重ねた。

――原発をゼロにしたほうがいいと思ったきっかけは？

「福島第一原発事故で、『決して安全ではない』ということがわかったからでしょ。すぐに原発ゼロにいくかといったら、そうはいかないでしょ。エアコンがなければ熱中症で死ぬわけでしょ。エネルギーを確保しないといかんのでしょ。温暖化で、炎暑の中、公共事業で働いている土木作業の人たち、いっぱいいるんでしょう。それをどうしていくんだと」

――再エネで賄えるとなった場合、核抑止力をどうするかということになる。それが私が聞きたいことなのですが。

「『だから核兵器を持つべきだ』という議論を、割り切れば語れるんだろう。けれども責任ある政治家としてできるか。原発ゼロで、話し合いで、軍備を放棄して。それが素晴らしいだろう。それが政治家としてできるのか。悩んでいます」

ここで時間切れとなった。

「原発ゼロ」と核抑止力。理想は掲げるものの、コストや電気の安定供給、雇用、平和構築など難しい課題がある、と言うだけで終わってしまった。解決のための具体的なビジョンを私は聞きたかった。

戦争のターゲットになった原発

2022年、佐野さんの懸念が現実になったかのように、原発は戦争のターゲットになった。

ロシア軍がウクライナ侵攻で真っ先に占領した一つはチェルノブイリ原発だ。欧州最大規模のザポリージャ原発も占拠され、ミサイル攻撃で送電網が被害を受けて外部電源の供給停止を繰り返した。IAEAなどは、「期間内に復旧できなければ、全世界に影響する。放射能事故が発生するかもしれない」と懸念した。

そうしたなか、岸田首相は日本を原発推進に逆戻りさせ、2023年5月にはG7広島サミットで、各国首脳とともに、「核兵器は、それが存在する限りにおいて、防衛目的のために役割を果たす」と核抑止力を認める「広島ビジョン」を発表した。

被爆者たちは落胆し、8月6日には広島で松井一實市長が、「為政者に核抑止論から脱却を促すことがますます重要になっています」と、8月9日には長崎市で鈴木史朗市長が、「今こそ、核抑止への依存からの脱却を勇気を持って決断すべきです」と、それぞれ平和宣言で述べている。2人はともに被爆2世である。

核兵器禁止条約に署名する国は増え続け、93カ国となっている（2023年9月19日現在）。被爆者団体が岸田首相に署名と批准を繰り返し求めているが、岸田首相は、「核兵器禁止条約は核兵器のない世界をめざすにあたって重要な条約である。ただ、核兵器国が行動しないと何も変わらないという厳しい現実がある」、「核禁条約に参加していない核兵器国を条約にどれだけ近付かせることができるか、具体的な取り組みとして求められる」（2023年8月6日）などと、従来の答えを述べ続ける。

この国は、どこに行ってしまうのか。

第6章　作られる新たな「安全神話」

利用される「鉄腕アトム」

「原子力発電は安全だ」

原発導入のために作った神話を、電力会社側は様々な手段で広めてきた。よく使われたのが、手塚治虫の作品「鉄腕アトム」だ。

第４章で取り上げた日本原子力文化振興財団は、お茶の水博士に似たイラストが表紙の書籍『アトム博士のマンガ講義』（１９９０年）、『アトム博士のマンガ授業』（１９９４年）、『アトム博士のマンガ教室』（２０００年）を発行し、次のように解説している。

「非常用炉心冷却系、原子炉建屋、制御室建屋は、過去数千年のその地域の地震の記録を、さらに上回るような地震を予想して、つまり、数千年に一度起こるか、起こらないかの大地震でも支障のないように、設計されているのです」

このシリーズを手掛けた漫画社は、１９７８年３月には電力会社の広報活動用の冊子「鉄腕アトム　よみがえるジャングルの歌声」を刊行している。

寒さで凍える動物を救おうと、アトムが動物と力を合わせてアフリカのジャングルに原発を造り、やがてきた地震と津波に原発はびくともしなかった、という内容だ。東京電力福島原発のＰＲ館でも無料配布されていたという。

「アトムが原発を推進する内容の、この漫画は何なのか」

編集者の才谷遼氏は、そう疑問に思っていた。才谷氏は、手塚の長年のファンで、手塚にマンガを持ち込んだり、3時間にわたるインタビューの特集記事を書いてきた。米スリーマイル事故をきっかけに原発の危険性を調べてきたが、原発のＰＲにアトムが使われる姿を見て悲しく思っていた。チェルノブイリ原発事故が起こった際には、手塚が原発推進派としてバッシングされた。才谷氏は、手塚に直撃取材することにした。

１９８８年6月1日、才谷氏は漫画家協会賞の受賞パーティーに行き、手塚の姿を探した。手塚はいつものベレー帽で、多くの客たちに囲まれていた。才谷氏が話しかけると「おー、君か」と応えてくれた。才谷氏は尋ねた。

「原発推進のトップを走っていると言われていますが、本当にそうなんですか？」

手塚は、「非常に重要な話だから」とほかの客を遠ざけ、会場のはしのほうに才谷氏をいざない、20分ほど2人で話した。

手塚は、「原子力関係は全部断っています」と言った。才谷氏が、「鉄腕アトム　よみがえるジャングルの歌声」について聞くと、「描いた覚えもないの。許可した覚えもない」と関与を否定し、「僕も原発に反対です。はっきりそう書いてください」、「あらゆる核エネルギーに反対」、「例えば赤旗まつりなんかに、アトムが空を飛んでいて、下で反核運動している農民たちに『ぼくも放射能灰まいているのかなあ』と非常に悲しい顔をしているマンガを描いている。そういうキャンペーンはやっています」と続けた。

才谷氏が、「写真を撮らせてください。『原発に反対です』というポーズでやってくれますか」とお願いすると、右手の人差し指をたてて笑顔で撮影させてくれた。

才谷氏はこの経緯や手塚の写真を掲載した、『図説　危険な話』（ふゅーじょんぷろだくと）を出版した。「出版後、手塚先生への批判は弱まったように感じました」と私に語る。

マネージャーだった手塚プロダクション社長の松谷孝征氏によると、手塚のもとには電力各社から「ＰＲに使わせてほしい」という依頼が何度もあったが、そのたびに断っていたという。漫画社社長を務めた樋口信氏は、「よみがえるジャングルの歌声」について「手塚プロの許諾は受けているはず」と無断使用を否定するが、松谷氏は「もしそうならチェックのための原稿が上がってくるはずなのに、私はそれを一度も見たことがない」と反論したという（２０１３年３月14日「共同通信」より）。

鉄腕アトムは、福島第一原発事故の直前にも使われていた。

２０１０年６月、福島第一原発所所長に着任した東電の吉田昌郎氏は、浪江ロータリークラブ（福島県浪江町）の役員にも就任し、同年11月４日に吉田所長がその会合で会員らに話す「卓話」が開催された。浪江町は周囲の町村のなかで商工の中心地である。会合は浪江町高瀬にある宴会場「如水」で行われ、数十人が参加した。

「皆さん、『鉄腕アトム』を見ていましたよね。原発のウランちゃんが臨界になって……」

吉田所長は、原発で使うウラン燃料を「ウランちゃん」と表現し、20分ほど原発について説明した。

私は、当時の出席者の一人に話を聞いた。この人も避難を続けている。

「吉田所長が鉄腕アトムと原発を結び付けて話していたのをよく覚えています。『鉄腕アトム』は私の世代で、アニメを毎回欠かさず見ていましたから。当時の私は、『科学の力で未来はきっと明るいものになっていくのだ』と漠然とした希望を持っていました」

アニメキャラを引用することで、親しみ深く思われたということが伝わる。

しかし、この吉田所長の卓話の４カ月後、浪江町は、原発事故で全域に避難指示が出され、無人地帯となってしまった。

２０１７年３月末以降に避難指示解除が行われてきたものの、当時の町民のうち避難先から戻ってきた人は７％しかいない。ほとんどがいまだに避難生活を続けている。

出席者は続けた。

「今は、便利なことより生きることそのものが大切な事であり、『科学の力ではなく、与えられた自然の力で十分人間はやっていける』と展望を抱いています」

広告か記事か明記されていないコラム

日本原子力文化振興財団は、講演会に講師を派遣したり、記者懇談会、マスメディアを使った広報活動を行っている。

２００１年９月末、三重県海山町《みやまちょう》（現・紀北町）で、原発誘致の賛否を問う住民投票に先立ち、推進派の町商工会と「豊かな海山をつくる会」が講演会を開き、同財団が派遣した元時事通信ワシントン支局長が、「原発は町おこしになる。原発でダメになった町はない」と主張した。講師派遣費用は同財団が負担していたことが明らかになっている。また、会場では原発の安全性や必要性を論じた財団の小冊子が配られた。

しかし、直前に起きた静岡の浜岡発電所での配管破断事故や、米国での同時多発テロ事件があったために賛成は広がらず、同年11月に行われた投票では賛成が２５１２票に対して反対は５２１５票で過半数を上回った。

他にも同財団は、原発についての前述のシリーズ広告「エネルギーのはなし」を朝日、読売、毎日など全国紙で１９８８年7月から始めている（産経でも同年10月から）。広告はコラム形式で、開始から１９９４年6月末時点までだけでも３０１回に及んだ。財団25年史「原子力文化をめざして」によれば、同財団は、「エネルギーや原子力に関する情報を継続して提供できる」、「原子力に関する突発的な出来事がある場合には、このコラムを使って情報を流すことができる」と考えていた。

コラムでは、原発や被曝の安全性を次のように強調してきた。

〈原子力発電所は、地震に備えて建設されている。放射性物質の影響を周辺環境に与えないよう建設されている〉

〈原子力発電所では、運転員や技術者の教育を定期的に行っている。万一の事故時の対応についても訓練している〉

〈放射線を出す放射性物質は、自然界の至るところにある。大地や食物にも〉

コラムの下には小さく日本原子力文化振興財団と書いてあるが、商品を知らせるものではなく、広告なのか寄稿の記事なのか明記されていない。

福島第一原発事故から3カ月後の２０１１年6月、朝日新聞の「声」欄に、このコラム広告を過去に見ていた茨城県の男子高校生（当時17）からの意見が載った。

〈広告主である日本原子力文化振興財団は、普段から放射線を浴びているのだから原発は怖くないと言いたかったのだろうか。原発の安全性をＰＲしているようにもとれる広告が身近にあったことに驚いた。私たちはこのようにして「安全神話」を信じていったのだろうか〉

同財団の事業は政府からの受注が多い。２００８年度には、経産省から1億２４９５万円で、隣接市町村における核燃料サイクル施設広報を受注し、青森県六ヶ所村周辺の自治体でのイベントにブースを構えたり、消費者団体や食品業界関係者ら73人に１泊２日の行程で核燃料施設の見学ツアーを実施していた。

原発事故後、財団は新たにスタートを切るとして、２０１４年7月に組織名を、「原子力振興」から「振興」を外した「日本原子力文化財団」に改称したが、今も原発の必要性を訴えるイベントを続けている。

例えば２０２２年1月には、お笑いコンビの「なすなかにし」を呼んで、第一部「お笑いライブ」、第二部「エネルギー・環境について考えよう」とするセミナーをオンラインで開催し、再エネだけで電気を作るのは「有り得ないです」と訴えた。また、アニメ動画で「私たちの生活に必要な電気を安価に、安定的に供給するために、原発の再稼働がカギになる!!」などと発信した。

前出の鈴木達治郎氏は財団事務局に苦言を呈したことがある。

「信頼感を得るのなら、やり方を変えたほうがいいですよ。推進するために都合がいいことばかり言って、反対派の意見を入れないのはダメですよ」

だが、変わらなかった。財団のサイトを見ても、反対派の声も聴くセミナーは見当たらない。鈴木氏はこう警告する。

「いまも芸能人を使って華やかに宣伝しています。ＰＲのための組織で、信頼構築のための対話ができていない。信頼をなくします」

「世界で最も厳しい水準」という神話

福島第一原発事故から年月が経ち、政府は原子力を推進するために新たな「安全神話」を広めつつある。

事故を受けて作った規制基準が、「世界で最も厳しい水準」という神話だ。

安倍政権は原発の再稼働を目指し、電源対策を厳しくした新規制基準を2013年7月に施行した。「原子炉から100mの場所に電源、注水ポンプ、これらの緊急時制御室を常設化すること」、「活断層の上に重要施設の設置を認めない」などの安全対策強化と、すでに許可を得ている原子力施設に対しても最新の規制基準への適合を義務づける「バックフィット制度」が特徴だ。これまでは新しく基準を策定しても、既設の原子力施設にさかのぼって適用する法律上の仕組みがなかった。

2014年2月、原子力規制委員会の田中俊一委員長は参院予算委員会で、「我が国の自然条件の厳しさ等を勘案して、世界でも最も厳しいレベルの規制基準を策定してきているというふうに自負しております」と述べた。政府は何度もこの言葉を引き合いに出し、同年4月に安倍政権が閣議決定したエネルギー基本計画のなかで、「(新基準は)世界で最も厳しい水準の規制基準」と明記した。

だが、科学者からは批判や疑問が出ている。

元原子力学会長の男性は、「『世界で最も』なんて、科学の世界にはありえない。各国の環境によってどこを厳しくするかという条件が違う。本当に田中君が言ったの? 科学者がそんな言葉を言うはずがないよ」と笑っていた。

田中氏の後任を務めた更田豊志氏も、元会長と同様の発言をした。

「規制委は自分たちの基準が世界一厳しいなどと思ってはいないし、真っ当なエンジニアでそんな言葉を使う人はいないと思います。各国で置かれている状況が違うわけです。原発利用国の中で、日本は突出して大きな地震に備えなければならない。厳しい自然条件に置かれているものに対して要求が厳しくなるのは当たり前じゃないですか。『世界一厳しい』という言い方は、安全神話をつくり出そうとしているのと同じなんですよ。とにかく原子力を進めたい人が『だから事故は起きません』と言いたいための言葉だけれど、安心しきってしまうのはとても危険です。いつまで使うんだろうと思います」（2023年7月8日「朝日新聞デジタル」より）

鈴木氏も原発の新規制基準について指摘する。

「世界で最高水準と言っているが、何が最高なのか、よくわからない。地震に厳しいのは当然だけれども、どれをどれだけ厳しくすれば社会が安心するかという考え方がない」


日本は災害大国だ。世界中で起こるマグニチュード6以上の地震のうち、2割は日本周辺で起きている。地震、津波対策が他国より厳しくなるのは当たり前である。地震大国で原発を進める事例は稀有なので、世界的にも経験値が少なく、どこまで厳しくすればノーリスクという知見も確立されていない。

実は、田中氏自身も２０１４年7月16日の記者会見では、「安全だということは、私は申し上げません。まだまだ自然のいろいろなこととか、いろいろな技術も含めてですけれども、わからないことというのは人知の及ばないところがある」と述べていた。

しかし、２０１６年3月22日の記者会見では、「私は世界で最も安全なというか、世界的に見ても、ある程度、まあ最も厳しい基準のレベルに近づいていると。大体、今までが余りにもひどかったという逆説的な意味も含めて、そういうことを申し上げているんです。その私が申し上げていることを、政治的にどういうふうに政治家がおっしゃるかということについては、私のほうからは、あれこれ申し上げるべきことではないんで、これはもう、聞き流すということかと思います」と語った。

政府は、「世界で最も厳しいレベルの規制基準、新規制基準に適合すると認めた原発について、その判断を尊重し、地元の理解を得ながら再稼働を進めていくというのが、一貫した政府の方針」と繰り返し、再稼働を進める理由に田中氏の言葉を利用し続けている。

基準地震動を低く見積もりたがる電力会社

東電が、福島第一原発2号機の「基準地震動（地震の揺れの最大想定）」を438ガル（ガルは揺れの勢いを示す加速度の単位）としていたところ、2011年の東日本大震災で観測された最大加速度は550ガルだった。3号機では441ガルのところ507ガルで、5号機も452ガルのところを548ガル、とそれぞれ最大想定値を上回った。

国会事故調査委員会報告書は、「当初の耐震設計は明らかに不十分だった。地震科学の進展に応じて耐震安全性の見直しと補強を迅速に行えばよかったが、最低限の改善すら怠っていた」と指摘する。

地震の衝撃だけなら原発事故は起こらなかったという主張もある。しかし、国会事故調は、地震発生後、津波に襲われる前に運転員が1号機で配管からの冷却材の漏れを気にしていたことや、主蒸気逃がし安全弁（SR弁）が作動しなかった可能性を否定できないことから、「特に1号機の地震による損傷の可能性は否定できない」とし、事故の直接的原因について、「安全上重要な機器の地震による損傷はないとは確定的には言えない」と結論づけている。

第4章で、地震本部長期評価部会長として電力業界の介入について証言した島崎氏は、部会長を務めたのち、2012年9月に原子力規制委員会委員長代理に就き、原発の新基準策定に携わった。その島崎氏はこう語っている。

「基本的には以前の基準とあまり変わっていない。世界最高水準の規制基準という言葉が独り歩きしていますが、地震、火山の安全基準が厳しい、というくらいの話です。原子力規制委というのは原発が基準に適合しているかどうかを審査しているだけです。事故が起きないわけではない。新基準はこれまでより少し厳しくなっているけれども、穴があいています」

島崎氏が問題視するのが、基準地震動だ。電力会社が原発ごとに算出し、その数値が正しいかどうかは、規制委が判断する。

「問題は基準に適合するか判断するうえでの審査です。いま、規制委が適切な審査を出来ていないまま、再稼働が進められています」

電力会社は耐震基準を低く抑えたいため、少しでも基準地震動を下げようとしてきた。島崎氏が最も懸念しているのは、関西電力の大飯原発だ。大飯原発の周辺には複数の断層がある。

２０１３年4月19日、大飯原発３、４号機が新規制基準案に適合しているかを審査する評価会合が開かれた。原子力規制委の島崎氏と更田氏のほか、原子力規制庁職員、関電社員らが出席した。

当時の経済産業省原子力安全・保安院は、東日本大震災を受け、日本列島各地で岩盤部での力のバランスが崩れたとして、従来は考慮していなかった活断層の連動も想定するよう電力会社に指示していた。

関電は前年に、「大飯原発周辺の三つの断層が連動した場合は、基準地震動が760ガルになる」と保安院に報告していたにもかかわらず、評価会合前日に規制委に提出した報告書では、二つの断層だけが一緒に動くという想定のもと、700ガルで安全が保てるとした。

島崎氏は、関電とのやりとりをこう振り返る。

「関電が二つの断層で計算するのが正しいと言い張るので、『三つです』と言いました。福島第一原発事故があったのに、いくらなんでも緩い基準に戻すというのはないんじゃないのかと。関電社員も会社に貢献しようと思うと、『基準地震動を1ガルでも少なくしなければ』となるんでしょうね。安全はお題目だけ」

関電は最終的に三つの活断層が連動して動く可能性を認め、2014年5月に基準地震動を856ガルに引き上げた。島崎氏は、「自民党や電力会社や政財界から、『審査が厳しすぎる』と強く批判された」という。

見直されなかった計算式

２０１６年４月、熊本地震が起きた。

島崎氏は翌月、広島大名誉教授による現地での活断層調査に自費で同行し、多数の研究者の詳しい地殻変動データを検証した。その結果、島崎氏は、「（これまでとは）別の計算式で地震予測することが必要だ。大飯原発の揺れの想定が過小評価されている」と考え、学会などで発表を繰り返した。熊本地震以前から、場所によっては過小評価になると学会で発表していたが、熊本地震のデータを得たことでさらに確信を強めた。

　これまで使われていた計算式は、震源断層の面積から地震の規模を求める「入倉・三宅式」だった。過小評価になるのは、断層の傾きが地表に対して垂直に近い場合で、90度に近くなるほど面積が小さくなることに関係するという。こうした断層は西日本に多く、島崎氏は「（そこに立地する）原発も別の計算式で見直す必要がある」と考えた。

　島崎氏は規制委の任期を終えていたため、同年6月16日に田中俊一委員長と後任の石渡明委員と面談し、熊本地震の調査結果を説明したうえで、別手法での再計算を求めた。

そして、７月13日に規制委は、大飯原発で想定される地震の揺れについて再計算した結果を公表した。しかし、規制委が示した最大の揺れの数値は、２年前に島崎氏が規制委員長代理だったときに審査で了承した８５６ガルさえ下回る６４４ガルで、「見直す必要はない」と結論づけた。

島崎氏は規制委の発表と同時刻に、喫茶店で事務局の規制庁職員から再計算の結果を渡された。店内が暗く、データをその場で検証できなかった。島崎氏は、「説明はわかりました」と答え、帰ってから自宅でデータを詳細に見て驚いた。

「データを正確に比較すると、実際には想定する最大の揺れは小さくなるどころか、１・８倍も大きくなる」

一方、田中氏は同13日に行った定例記者会見で、「（島崎氏が）結果を見て非常に安心したというふうに言っていたという報告を頂いています」と発言していた。島崎氏はＹｏｕＴｕｂｅでこの田中氏の発言を聞いて、「了承したと誤解されている。納得もしていない。自分の指摘が活かされないまま終わったことにされてしまう」と危惧し、２日後の15日に急きょ記者会見を開いた。

会見では、実際の揺れは１５５０ガルになる可能性があるとし、「かなり大きいのは間違いない。規制委の議論や結論はおかしい」と語った。

しかし、田中氏は19日に、「別の手法は評価が固まっていない。専門家の間で結論が出るのを待ちたい」と島崎氏が提案した計算式で見直さない方針を明らかにしたのだった。

規制委は翌２０１７年５月24日、関電大飯原発３、４号機は新規制基準に適合すると認め、関電は２０１８年４月に３号機、６月に４号機の営業運転を再開した。島崎氏の提案は受け入れられないままに終わった。

島崎氏は今も納得していない。

「規制委は計算式を見直さず、大飯原発の審査を通した。おかしいんだから、認めてやり直すべきです。大飯原発は今、関西電力が試算している地震想定の１・８倍の値が必要。(その大きさの地震が)起こらないように祈るしかない。西日本のほかの原発も含めて、早急に見直してほしい」

では、地震予測はどこまで可能なのか。

「自然の規則はあるはず。私たちの知識が不十分なため、自然の規則を十分知らない。将来的な予想がある程度できているものもありますが、抜け穴があることは確かです。それに予想ができていることに対しても、知らん顔をしているように見えます。自然に対し、どういう態度をとるのかということだと思います。どんな緻密な理論でも、自然が違う結果を示せば『その通りでございます』と認めることです。自然に触れない人が多くなっちゃったのかな」

想定されていなかった地震が起きれば、臨機応変に過去の方法も見直していくことが必要だが、新たな知見を取り入れるとなると電力会社のコスト増になるため、見直しは進まない。

だから政府はいつも「想定外」を繰り返すのだろう。

裁判長「原発は私の家より地震に弱い」

大飯原発３、４号機の再稼働は司法の場でも争われ、耐震性に疑問を呈する判決が２件出た。

１例目は２０１４年５月、「はじめに」に登場した福井地裁の樋口英明裁判長が、「大飯原発の安全技術と設備は脆弱なものと認めざるを得ない」と地震対策の不備を認定し、運転差し止めを命じる判決を下した。２００５年以降、基準地震動を超える大きさの地震が東日本大震災を含め５回原発を襲ったことを指摘し、大飯原発の基準地震動を７００ガルとした関電の想定を「信頼に値する根拠はない」と退けたのである。

　さらに、判決は次のように断罪している。

「我が国の地震学会においてこのような規模の地震の発生を一度も予知できていない」

「被告は原発稼働が電力供給の安定性、コストの低減につながると主張するが、（中略）極めて多数の人の生存そのものに関わる権利と電気代の高い低いという問題等を並べて論じるような議論に加わったり、その議論の当否を判断すること自体、法的には許されない」

「多額の貿易赤字が出るとしても、これを国富の流出や喪失と言うべきではなく、豊かな国土とそこに国民が根を下ろして生活していることが国富であり、これを取り戻すことができなくなることが国富の喪失である」

　樋口裁判長の「豊かな国土とそこに国民が根を下ろして生活していることが国富」という言葉が報道で紹介され、人々の共感を呼んだ。

　２０２０年８月、私は樋口氏に話を聞いた。すでに退官していた。

「規制委は安全性を判断していない。私は原発は危険だと判断し、運転差し止めを命じる判決を書いたんです。私の家は住宅メーカーが３４００ガルに耐えられると宣伝している。

それに比べて大飯原発の７００ガルははるかに小さく、原発は私の家より地震に弱い。原発は事故の被害が大きく、事故発生確率も高い。危険だから動かしちゃいけないのは、当たり前の話です」

高裁で逆転敗訴し、確定したものの、樋口氏の判決は耐震性の判断に大きな疑問を投げかけた。

２例目は２０２０年12月４日に大阪地裁で判決が出た。大飯原発３、４号機の安全性に問題があるとして、近畿６府県や福井県などの住民約１３０人が、原子力規制委が関電に与えた設置許可の取り消しを求めた訴訟だ。

森鍵一裁判長は、規制委の判断に「看過しがたい不合理がある」と述べ、許可を違法として取り消す判決を下した。

森鍵裁判長は判決の理由として、基準地震動の計算に用いられる地震規模の定め方をあげた。この規定には、福島第一原発事故後、「（計算式の持つ）ばらつきも考慮する必要がある」という一文が加わっている。大阪地裁はその一文を、震源の断層面積などをもとに計算して導かれる「平均値」に、何らかの上乗せをする必要性の有無を検討すべきとの趣旨とし、関電が算出した基準地震動を疑問視した。

さらに判決は、関電が計算に用いた地震規模は、そもそも「平均値」であり、平均値と乖離するデータは検討自体せず、規制委も必要性を何ら検討することなく許可を与えたことを問題視した。判断過程に「看過しがたい過誤、欠落がある」との強い言葉で断じた。

原告の一人、福井県小浜市の明通寺《みょうつうじ》の住職、中嶌哲演《なかじまてつえん》さん（78）は私にこう話した。

「あたかも福島第一原発事故がなかったかのように国も電力も再稼働を進め、老朽原発までも動かそうとしている。暴走している。このまま事態が進んで老朽化した原発もずさんに再稼働が認められれば、若狭湾でも福島第一原発事故と同様の事故が起こる。大きなブレーキをかけてもらう判決だった」

しかし、国側が控訴し、２０２３年10月現在、大阪高裁で控訴審が行われている。

大飯原発だけでなく、ほかの原発でも活断層の問題が出ている。

規制委有識者会合は２０１２年から２０１７年にかけて、全国５カ所の原発と高速増殖原型炉「もんじゅ」の活断層について調査し、日本原子力発電の敦賀原発（福井県）、北陸電力の志賀《しか》原発（石川県）は、原子炉建屋直下に活断層がある可能性が高いと判断した。

また、東北電力の東通原発（青森県）では敷地の下に活断層が走っていると指摘している。

だが、原子力規制委は２０２３年３月、志賀原発について北陸電力の「活断層ではない」

との主張をおおむね了承し、「あらためて有識者会合の意見を聞く必要はない」とした。

これに対して、認定ＮＰＯ法人「原子力資料情報室」は、「北陸電力が示した局所的に断層の活動性を否定するやり方では十分とはいえない」、「将来の地震で敷地内の断層が動き出す可能性はある」などと指摘している。疑念の中で、規制委は志賀原発の審査を再び進めている。

避難計画の整備不足

「世界一厳しい水準」というが実は、誤魔化しが横行していることが分かってきた。これは耐震基準だけではない。避難計画については、そもそも審査すら行われていないのだ。

前述したように避難計画が整備されていなかったことで、福島第一原発事故では大きな混乱が起き、多くの死者が出た。避難計画がなかった自治体ではどんな混乱があったのか。家族を亡くした人に話を聞いた。

南相馬市の庄司淑子《としこ》さんの夫の保《たもつ》さん（82）は、原発から25キロ、自宅から３キロの距離にある南相馬市内の特別養護老人ホーム「福寿園」に入所していた。夫婦で旅館やドライブインを経営してきたが、保さんは２００９年に脳腫瘍の摘出手術の後遺症で半身不随になってしまった。要介護4となったものの、意識ははっきりしており、淑子さんは毎日ホームに通って、保さんの好きな海苔巻きを持っていった。

淑子さんが3月12日に保さんのもとへ行ったときは、保さんは、「淑子、地震のとき大きい声、出したのか」と、地震が苦手な淑子さんを気遣ってくれた。

淑子さんは店を切り盛りしながら、14日もホームを訪ねた。保さんに「大丈夫？」と聞くと、保さんは「ご飯出ないんだ」と力なく言った。ホームは食糧不足に陥っていた。淑子さんは経営するドライブインでホッケを焼いてもらい、持って行った。保さんは結婚するまでは北海道に住んでおり、ホッケが好物だった。このとき、淑子さんはホームの事務職員から、「どこか受け入れてくれるところがあれば移動します」と言われた。職員の多くが避難し、人手もないようだった。

原発事故が悪化するにつれ、政府は避難指示を拡大していき、15日には30キロ圏内に屋内退避の指示を出した。南相馬市内中心部も含まれ、スーパーやコンビニが閉まった。自らの旅館は支援に来た警察官や自衛隊員、ジャーナリストらであふれた。淑子さんは北海道在住の娘から食料を送ってもらったが、屋内退避の指示が出ているため宅配便のトラックが市内に入ってこない。淑子さんは北部の相馬市まで荷物を受け取りに行った。

淑子さんが17日にホームに行ったときは、保さんは淑子さんの手を握り、なかなか離さなかった。「もう帰るのか」と繰り返し言う。

「どうしたの、きょうは。店に行かなきゃならないんだから」

淑子さんはなだめて、店に戻った。

19日、淑子さんの電話が突然、鳴った。ホームの職員からだった。

「庄司淑子さんですか。旦那さんが心肺停止です」

「どこにいるんですか」

「那須塩原です。高速を降りたところの病院にいます」

ホームの入居者と職員は、淑子さんが知らない間に南相馬市から避難していた。着の身着のまま、親しい知人の車で栃木県那須塩原市に向かった。

施設の関係者が16日にＮＨＫの取材で、入所者が毛布だけで体を温めていることや、食料などの支援物資が届かなくなり、食事も１日２回に制限せざるをえない窮状を訴えたところ、横浜市の施設が受け入れると申し出てくれた。そのため、急きょバスで向かうことになった、とのことだった。同じ法人が経営する南相馬市内の特養ホームとあわせ、３施設の入所者計２２９人が３００キロ離れた横浜にバスで向かった。

そのバスの移動中に、保さんが心筋梗塞を起こしたという。

淑子さんは、保さんが乗ったバスは自宅の前を通ったはずだ、夫はどんな気持ちで自宅前を通っていったのか、と思った。手をなかなか離さなかったことを思い起こした。

車が高速道路に乗ったとき、また着信音が鳴った。

「よくなりましたから。ＡＥＤ（自動体外式除細動器）で回復しました」

ああ、よかった、と胸をなでおろした。これで会える、と。淑子さんたちが那須塩原市で高速道路を降りたとき、また着信音が鳴った。

「亡くなりました――」

淑子さんが病院に着いたとき、保さんの体は、まだ温かかった。

男性医師が告げた。

「最後に『おっかあ、来ないな』『おっかあ、来ないな』と3回言って、亡くなりました」

淑子さんは保さんが「おれは体を治す」といつも言っていたことを思い出した。

「知らない間に逝ってしまっていた。どんな思いだったのだろう」

淑子さんは私の前で、泣いていた。

自宅の仏壇には、施設の玄関近くで、青いシャツを着て車いすに座る保さんの写真が飾

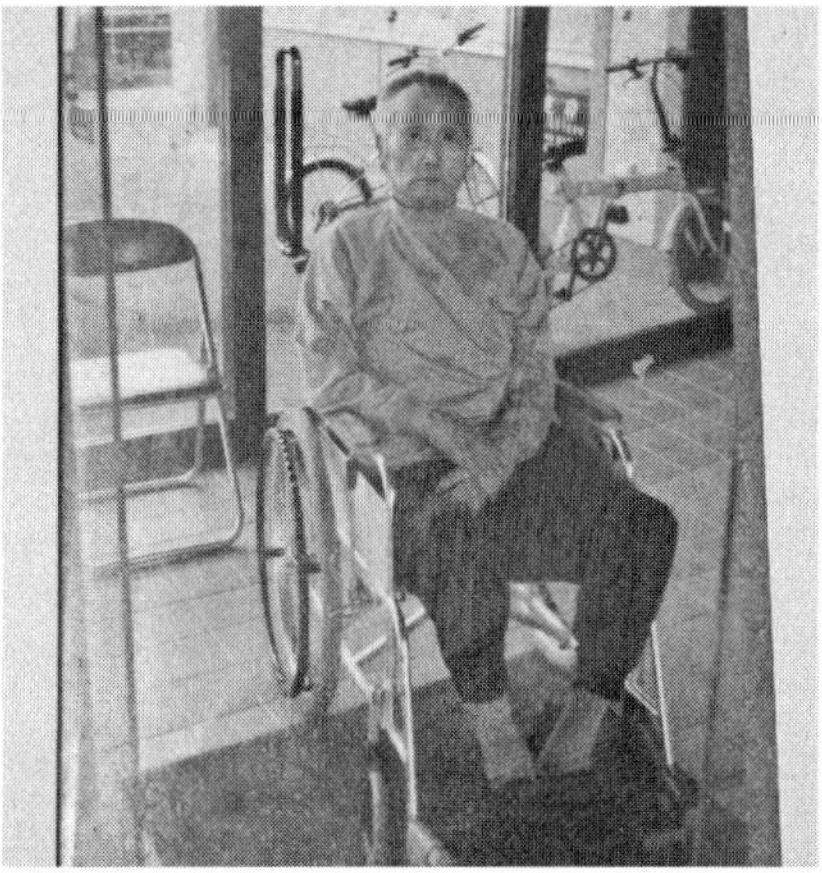

生前の庄司保さん

られていた。焼香し、手を合わせて頭を下げた。

避難が混乱したのは当然だった。南相馬市にはそもそも避難計画がなかったからだ。避難計画の策定を義務づける重点区域の目安は、原発から「半径8〜10キロ」だった。「3・11」当時に南相馬市長だった桜井勝延さん(67)は、「以前、議員時代に避難計画を作ろうとしたが、国が『住民にいらん不安を与える』と作らせなかった。福島第一原発事故では自治体が手探りの対応を迫られた」と話す。「安全神話」の弊害で避難計画を作ることができなかったのである。

片や、避難計画が作られた地域であっても不十分な内容だった。福島第一原発から4・

5キロほどの大熊町にある双葉病院では、患者21人とそばにある系列の老人介護施設の計44人が、搬送中や搬送後に死亡した。双葉病院では、歩ける患者と看護スタッフらは町が用意した大型バスで避難したが、寝たきりの患者約１３０人は逃げられずに、数人の医療スタッフでケアせざるを得ず、14日の早朝に１人の男性（87）が死亡した。また栄養を取るためのカテーテルを外された男性（97）は、極度の栄養失調や脱水状態に陥り、15日までに亡くなっている。ほかの患者らも脱水症状や低栄養状態に陥った。

国会事故調は、20キロ圏内の病院や介護老人保健施設などでは、避難手段や避難先の確保に時間がかかり、３月末までに少なくとも60人が亡くなったと指摘した。

ほかにも逃げられず、餓死したとみられる人たちがいた。

原発事故後、福島市の石田賢次さん（45）は、双葉町に住む父の次雄《つぎお》さん（75）と母アイ子さん（72）の行方を捜していた。

双葉町は避難指示区域で立ち入り禁止になっていた。両親は携帯電話を持っておらず、自宅の電話はつながらなかった。賢次さんが３月22日に双葉町役場に、「うちの親を見に行ってもらえるよう、自衛隊に頼んでもらえないでしょうか」と願い出ると、翌日、「２人の遺体がありました」と連絡があった。津波の襲来を受けた１階ではアイ子さんが亡くなっていた。そして、次雄さんは2階で布団の中で見つかった。1階が水没し、逃げようがなかったとみられる。遺体は痩せ細り、腹は極端にへこんでいた。検死した医師は、次雄さんは10日ほどは生きていたが、餓死したと判断した。賢次さんは、「どうして助けられなかったのか。原発事故さえなければ父親だけでも助けられたんだ」と悔しがっていた（『プロメテウスの罠2』学研プラスより）。

避難計画は誰も審査しない

避難計画は住民らの命綱だ。政府は２０１２年に原子力災害対策指針を定め、避難計画の策定を義務づける重点区域の目安について、原発から「半径8〜10キロ」を「おおむね30キロ」に拡大した。

しかし、新基準でも避難計画を規制委の審査対象にしなかった。国の原子力防災会議が計画の中身を確認して、「了承」するだけだ。第三者がチェックする仕組みがない。規制委の田中委員長は２０１７年8月31日の記者会見で、審査対象に避難計画を入れなかったことを問われ、こう答えている。

「具体的な避難計画としてやるかどうか、どうするべきか、ということについてはやはり地方の状況をきちっと踏まえた、地方自治体が関与して主体的に決めないと、なかなかこれは審査で良い悪いという判断をできるわけではないと、私は思っています」

避難計画を審査対象にも入れず、「世界で最も厳しいレベル」の基準と言えるのだろうか。

米国では、米国原子力規制委員会（ＮＲＣ）が避難計画の実効性をチェックし、承認する。

米国の避難計画は、原発が動かせなくなった事態までが想定されるほど重要視されている。

しかも、米ニューヨーク州ロングアイランド中部の海岸に建設されたショーハム原発は、１９８９年、試運転だけで廃棄になった。１９８４年に完成していたが、安全な避難場所がないとして、原発操業に反対する住民らの運動が起き、同州政府が人口密集地域が近く避難計画を作れない、と反対したためである（１９８９年６月24日付「朝日新聞」より）。

ちなみに、日本でも避難の困難さを争点にした裁判で住民が勝訴し、再稼働への動きが止まっている原発がある。首都圏唯一の商用原発である日本原子力発電の東海第二原発（茨城県東海村）だ。半径30キロ圏内に94万人が住む。原発から30キロ圏内の人口で比較すると全国最多だ。

規制委が新規制基準に適合していると２０１８年９月26日に決定し、日本原子力発電が再稼働に向けた工事を進めていた。２０２２年12月に完了する予定だった。

しかし、避難計画が整っておらず、住民らは、避難の困難性があると差し止めを求めて提訴した。２０２１年３月、水戸地裁は「実効性ある避難計画や防災体制が整えられているというにはほど遠い状態で、人格権侵害の具体的危険がある」として、運転差し止めを命じた。

判決は、30キロ圏内14市町村のうち、避難計画策定済みが5市町にとどまっていることや、15万人以上が住む日立市や水戸市などで未策定だと指摘している。また、策定済みの5自治体であっても大地震で住宅が壊れたり、道路が寸断されたりした際の対策に加え、複数の避難先の確保や住民への情報提供が具体化していないと判断した。

原電、住民の双方が控訴し、控訴審が行われている。

なぜ重要な避難計画を審査対象にしなかったのか。私は、策定に関わった元原子力規制委員の１人に話を聞きに行った。彼は、「規制委で議論はあった」と明かした。

「議論はあったけど、避難は全体的に警察、自治体、いろいろからむ。規制委がコントロールできるものじゃないから、内閣府でやったほうがいいということになった。いい悪いは別としてそうなっている。それがちゃんとできているかは総理大臣のもとにある原子力防災会議で一応されることになっている。できていないと実質、許可がでない」

そういったなか、岸田首相は2023年1月の衆院予算委で、「しっかりとした避難計画がない中で、（原発の）再稼働が実態として進むことはない」と述べている。実際に実効性ある計画が整備され、原子力防災会議（議長・首相）で了承されているのか。

鹿児島県内で長年取材を続けてきた杉原洋《ひろし》さん（75）に聞いた。地元紙の南日本新聞の元記者である。県内にある川内原発は、新規制基準で一番初めに再稼働した。杉原さんはこう語る。

「川内原発が建っている薩摩川内市では、避難計画に書かれた避難バスの乗り場が、津波のハザードマップで危険箇所と判断されている場所もある。津波や山崩れなどの複合災害を考慮していない。避難する人の立場になって作られていない」

問題の場所は、滄浪《そうろう》地区と可愛《えの》地区の海抜0〜5メートルの地域だ。国際環境NGOグリーンピース・ジャパンが調べたところ、バスの乗り場となっているコミュニティセンターなど5施設が、津波の危険箇所になっていた。原子力防災会議は、避難バスの乗り場が津波の危険区域内にある計画を了承していたのだ。

原子力防災会議ではどのような議論がされているのか。

川内原発の避難計画は２０１４年9月12日の原子力防災会議で議題となった。原子力災害対策担当室長が、原発から5キロ圏について、「自家用車による避難ができない方が約８００名、この地域にいらっしゃいますが、最大33台のバスを確保して移動していただくということにしております」などと説明している。官房長官が、「原子力防災会議としては、ただいまの報告を了としたいと思いますが、よろしいでしょうか」と問いかけ、「異議なし」として了承された。質問も意見も発言する人はいなかった。

２０１４年6月11日のビジネス情報誌「オルタナ」によると、市は「複合災害は考慮すべきだが、住民が集まりやすい所に一時避難場所を設定する方が住民の安心感は高まると考えた」と説明した。

改めて２０２３年9月に私が市に聞くと、「津波の危険区域が見直され、今は5施設は津波の危険箇所から外れています」とのことだった。

一方、避難計画の不備は、別の地域でも指摘されている。

新潟県長岡市は大部分が柏崎刈羽原発から30キロ圏内に入る。

市が２０１５年に策定した避難計画には、「原則として、自家用車で避難する。（中略）市は渋滞を避けるため、できる限り乗り合いするよう呼びかける」と記載されている。同市は豪雪地帯で、２０２２年12月の大雪の際には、長岡市を走る国道8号と17号で、約33キロメートルにわたって約１０００台の車が立ち往生した。

原発事故で福島県川内《かわうち》村から長岡市に避難した渡辺初雄さん（76）は、事故当時、福島県富岡町が川内村への避難を呼びかけたが、渋滞し、普段なら車で30分で着くところが、３〜４時間以上もかかったことを挙げ、「長岡市の避難計画は実効性がなく、話にならない。豪雪だとそもそも家から出られない。豪雪に閉じ込められた人たちを誰が助けるのか、考慮されていない」と訴えた。

前出の元原子力委員長代理の鈴木氏は言い切る。

「規制委が新基準の審査対象に避難計画を入れなかったのは大失敗だ」

集中立地問題は無視

新基準は、１カ所に何基も原発がある「集中立地」の問題も無視した。福島第一原発事故では、１号機が水素爆発して復旧作業がストップし、２〜４号機への対処が大幅に遅れたことで、重大事故が連鎖した。吉田所長は、「5、6号機や、約12キロ離れた福島第二原発の１〜４号機まで操作が不可能となり、最大10基の原発が放射能を放出する可能性もあった」と政府事故調査委員会のヒアリングに答えている。

専門家の近藤氏が菅直人首相に依頼されて作成した最悪シナリオは、１号機が水素爆発して、４号機に近づけなくなり、４号機プールの使用済み燃料から放射性物質が拡散するというもので、東京を含む２５０キロ圏内が避難対象という見立てだった（第２章参照）。

元日本原子力研究所研究室長の笠井篤氏は、「集中立地」についてこう指摘している。

「日本は土地が狭い。原発を建設できるのは山を切り開いた土地が多い。一度、立地できる場所になると、電力会社は、『面積的に何基までは建てられる』と次々に同じ場所に建てていった。電力会社にとって、排気筒や冷却水の取り入れ設備、中央制御室など施設をほかの号機と共用できるので、集中して建てたほうが効率がいいし、収益も上がる。

その結果、（新潟県の）柏崎刈羽原発はあんな狭いところ（約４２０万平方メートル）に７基もある。狭い場所に集中して建設すればするほど、連鎖事故が起きる危険性が増す」

ウクライナ侵攻でザポリージャ原発がロシア軍に占拠されたとき、危険性が注目された。１００万キロワットの原子炉が６基ある欧州最大の原発で、事故の際の影響は東欧やロシアなど広域に及ぶ懸念があるためだ。だが、そのザポリージャを超える世界最大規模の原発群は日本にある。柏崎刈羽原発だ。７基の出力は計８２０万キロワットにのぼっていた。

なお、２０２３年10月20日現在で、再稼働しているのは12基だ。大半が複数で、福井県内の高浜が4基、大飯で2基、九州地方の川内と玄海はそれぞれ2基である。

原発が同じ場所に複数建設されていったことと同様に、一度再稼働した原発の地域では、住民の抵抗感が少なくなり、他号機も再稼働させやすくなりがちだ。福島第一原発事故で集中立地の恐ろしさが顕在化したにもかかわらず、また同じことが繰り返されている。

米国は原発の立地指針で、相互に影響する複数の原発は放射性物質の想定放出量を合算して評価することを原則にしている。このため集中立地が難しくなっている。

なぜ、日本は新基準で集中立地を規制しなかったのか。新基準を作った原子力規制委員長の田中氏は２０１４年12月17日の記者会見で、「大規模破断が起きれば別だが、新基準を満たしていれば各号機で対応できる」と述べた。しかし一方で、後任の更田委員長は、「（リスクについての）議論を始めていく必要がある。みんなが（集中立地を）問題だと思いながら、いつまでも議論しないのはいつか来た道だ」と毎日新聞の取材に答えた（２０１７年10月21日付より）。

新基準を作ったうちの一人の人物になぜ集中立地の規制を入れなかったのかを聞いたところ、「集中していないほうがいいかもしれないけれども、福島のような事故が起きたら話にならない。まずは起こさないための手立てですよ」という言葉が返ってきた。事故を起こさないようにするのが第一で、起きた時の対応は後回しでいい、という「安全神話」が頭をもたげたように聞こえた。

集中立地を規制しなかったことについて、鈴木氏は「福島の教訓を学んでいない」と語気を強める。

教訓をいかす基準がつくられないまま、再び新たな神話が広められている。

「どこがいつ割れるか予測できない」

さらに、政府は、老朽化した原発でも安全だという神話を広めた。

岸田政権はエネルギー政策の方針を原発推進に戻したうえ、その柱として原子炉等規制法などを改正し、60年をさらに超えて運転できるようにした。審査などで停止した期間を除くことで、実質的に60年を超えて運転できるようにするというものだ。

原子力規制委では石渡明委員が、「この法律の変更は科学的、技術的な新知見に基づくものではない。安全側への改変ともいえない。審査を厳格に行うほど高経年化した炉を運転することになる。私はこの案に反対だ」と主張したが、規制委は２０２３年２月13日、賛成4反対1の多数決で了承した。

改正法は4月に衆議院本会議で与党などの賛成多数で可決され、5月に参議院本会議で可決、成立した。原子炉の専門家でもあった、元原子力学会長が私に「一生懸命がんばっても60年だろうねえ」と言っていたことを思い起こす。

60年超の原発を動かす例は世界で初めてとなる。政府は、検査を行い安全性を担保するというが、「中性子照射脆化《ぜいか》」が問題視されている。圧力容器が長時間の中性子照射を受け、割れに対する抵抗力が次第に低下する現象だ。東電の検査担当だった元社員は、「中性子照射脆化は試験片（テストピース）で全体のほんの一部しか検査をしない。それも法則性がなくばらばらだった。どこがいつ割れるか、予測できるはずがない」と指摘する。

私は、議員会館で原子力規制庁の男性職員に話しかけ、東電元社員の証言をぶつけた。

「本当に安全だと思っているんですか？　中性子照射脆化の法則性はわからず、リスクはゼロにはならないですよね？」

黒いスーツ姿のその職員は足を止め、真顔で言った。この場には2人きりだった。

「そうですよ。原発がないことが最も安全だと思っています。ですから私は脱原発です」

1対1で話すと「脱原発です」と言う官僚は、実は多い。一方で、経産省のある官僚は原発事故後に再エネ推進になったものの、最近、再び原発推進に戻った。

朝日新聞の世論調査では、福島第一原発事故後、停止している原発の運転再開について賛成が3割前後、反対が5～6割で推移してきたのに対し、２０２２年調査で賛否の差が縮まり、２０２３年2月18、19日の調査で、賛成が初めて反対を上回り、賛成51％、反対42％となった。

脱原発を求める声が最多だったものの、その声が大きなうねりにはならず、岸田政権は安全を強調して原発回帰に戻してしまった。「アメリカとの戦争は無謀だ」と声が大きくならず、国民が権力の作る「空気」に流されていった戦前と似ている。

流されないために、再び権力に騙されないために、何が必要だろうか。

第7章　原発ゼロで生きる方法

福島第一原発事故で脱原発を決めたドイツとイタリア

世界各国の原発はどのように推移してきたのだろうか。

この点について、経済産業省資源エネルギー庁が、「世界の原発利用の歴史と今」として2017年にまとめている。

1973年の第一次オイルショックによる影響で、石油に依存しない原発の設置が進んでいたが、1979年の米スリーマイル島での事故、1986年のチェルノブイリ原発事故が起こったことで、世界的に原発は停滞した。

しかし、1990年代になるとエネルギー需要、地球温暖化問題で、再び先進国と新興国で原発を推進する「原発回帰」が起きた。

そうしたなか、福島第一原発事故が起き、原発回帰しようとしていた複数の国が脱原発を決めた。

つまり、「推進→事故→停滞→推進→事故→停滞」を繰り返してきたのである。

次もまた、「推進→事故」の道をたどるのだろうか。このまとめでは、各国の状況も記している。

２０１７年当時、将来的に引き続き原発を利用するとしているのが、米国、フランス、中国、英国、スウェーデンなど19カ国だ。今は導入していないが、将来的に利用するのがトルコ、ベラルーシ、チリ、エジプトなど14カ国である。

一方、現在原発を利用していないのがイタリア、オーストリア、オーストラリアの３カ国で、原発を利用しているが将来的に非利用なのが韓国、ドイツ、ベルギー、台湾、スイスの５カ国だった。

ドイツとイタリアは２０１０年に、原発に回帰しようとしていたところ、福島第一原発事故を受けて脱原発を決めている。

このうちドイツはどのようなプロセスをたどったのか。脱原発の流れを作ったドイツ政府の倫理委員会委員を務めたミランダ・シュラーズさんに経緯を聞いた。

ミランダさんは日本に留学し、計５年滞在していたため、日本語が流暢だ。現在は、ミュンヘン工科大教授を務めている。『ドイツは脱原発を選んだ』（岩波ブックレット）を２０１１年９月に出版し、日本国内で市民や被災者、国会議員に講演を行ってきた。

「脱原発を達成するまでには長い時間がかかりました。１９８０年代にアメリカが西ドイツに核兵器を配備する計画があって、反対運動が起き、何十万人もデモに集まりました。

ドイツは東西冷戦の中心にあり、もしも核兵器が西ドイツに置かれれば戦争を招く、という心配があったのです。

原発建設にも反対運動が起きました。原子力が進めば核兵器の一歩になるという考え方が強かったからです。チェルノブイリ事故では、放射性雲がドイツまで来ました。南部で強い雨が降り、バイエルン州を中心に高線量の放射性物質が検出されました。食べ物、土、すべてが放射能に汚染されたという心配がありました。（約１３００キロ離れた）ミュンヘンまで汚染され、キノコやイノシシを食べてはいけないと言われたほどです」

影響は長く続いた。26年経った２０１２年時点で、「バーデン・ヴュルテンベルク州では、いまでも黒い森の一部で採れるキノコ類、鳥獣の肉を食べることができない」と週刊朝日（２０１２年10月12日号）に記されている。同州はミュンヘンよりもチェルノブイリからさらに離れた地点にあるにもかかわらずだ。ミランダさんが続ける。

「チェルノブイリ事故で、ドイツは１９９１年からエネルギー制度を変え始めました。再生可能エネルギーの固定価格買い取り制度を導入したのです。チェルノブイリ事故前には、原発反対は緑の党だけでしたが、事故後には社会民主党も原発反対になりました。

１９９８年には社会民主党と緑の党で、シュレーダー連立政権ができました。中道右派のキリスト教民主同盟ら２つの党は、『ドイツはソ連とは違う。優れた技術がある』と主張していましたが、シュレーダー首相は２０００年に主要大手電力会社４社と原発の運転期間を32年に限ることで合意しています。

２００２年には原子力法を改正し、新たな原発や再処理施設の建設を禁止し、20年以内にゼロにすることも決めました。２０２０年代前半までに、原発を止《や》めることが定められたのです。

２０００年には同時にもうひとつ大切な動きがあって、再エネ促進の新法ができ、既存電力会社に再エネを買い取ることを義務付けました。２０００年時点で再エネ比率は６％でしたが、毎年増えています。

それでも時間が経つと、キリスト教民主同盟とキリスト教社会同盟の原発推進派が、『地球温暖化防止のために原子力が必要だ』と強硬に主張しています。キリスト教民主同盟は日本の自民党のような存在です。そしてチェルノブイリ原発事故を知らない世代が入ってくる……」

私が、「日本と同じですね」と言うと、ミランダさんは、「そうです」とうなずいた。

そして、２００９年、キリスト教民主・社会同盟と自由民主党が連立を組んだ第２次メルケル政権が発足し、揺り戻しが起こった。

「２０１０年9月になって、メルケル政権が原発の延命を打ち出し、運転期間を平均12年延長する方針を決定したのです。新聞でも、『原子力をなくすのは勿体ない』という論調が出てきました」

　これにより、脱原発達成が２０２０年代から２０３０年代に延長されることになった。私は、「勿体ない」という同じ言葉を原発推進派の北海道議会の自民議員から聞いたことを思い起こした。「原発があるのに使わないのは勿体ない。せっかくあるんだから」というのである。

「市民はこれに反対し、女性たちが反対運動の中核を担って、ベルリンの国会議事堂前で大規模な抗議行動を起こし、数万人以上が集まりました。私も参加しました。私はドイツ連邦の環境省幹部と話しました。『原発反対にこれだけの人たちが集まっているというのに、法律を作るのですか』と聞いたら、『反対はそれほど多くない』と言われたのです。

　そして、その6カ月後に福島の事故が起こりました。『福島の事故は技術が進んでいる日本で起きた。日本で事故があればドイツでも事故が起こる可能性がある』という世論になっていきました。福島の事故時は多くの時間帯で風が太平洋側の方向に吹き、放射性物質の大半が海の方向に流れました。もしも風が東京の方向に吹いていたら影響はどれほど甚大だったでしょう。ドイツは島国ではなく、どの原発の周囲にも人が住んでおり、事故の影響は大きい」

原発反対のデモの参加人数は増え、ベルリンに12万人、ハンブルクに5万人、ミュンヘンに4万人、ケルンに4万人もの人たちが集まったという。

「メルケル首相は、福島第一原発事故後の２０１１年4月4日に、諮問機関『安全なエネルギー供給のための倫理委員会』を作りました。私はベルリン自由大学で環境政策を教えていましたが、首相の秘書から私に、『倫理委員会を作るのですがメンバーになってくれませんか』と電話があり、メンバーになりました」

これまでも「倫理委員会」という名の諮問委員会が作られたことがあるが、生活に関するもので、エネルギーについての倫理委員会はなかったという。

「委員長に任命されたのはクラウス・テプファーさんでした。クラウスさんはメルケル氏が党首を務めるキリスト教民主同盟の議員で、元環境大臣です。20年前から原子力は危ないと言っていた人でした。キリスト教民主同盟には推進派と反対派がそれぞれ半分ぐらいいます。その中で彼が委員長になったのは大きかった。メルケル首相は、『原子力はおしまい』というメッセージを送りたかったんだと思います」

委員長はもう一人いて、自然科学・人文科学研究を支援するドイツ研究振興協会（ＤＦＧ）代表のマティアス・クライナー氏だった。そして、倫理委員は計17人で構成され、元ミュンヘン大学社会学教授、元連邦教育大臣、プロテスタント教会バーデン地区監督、ドイツ・カトリック教中央委員会委員長、ドイツ化学メーカーＢＡＳＦ会長、ドイツ理工学アカデミー会長、鉱山・科学・エネルギー産業別労組議長らが参加した。ほかの所属政党別には、社会民主党が３人、キリスト教社会同盟、自由民主党が１人ずつだった。

「倫理委員会には、原発推進側の人も入っていました。反対と推進が議論したうえで、安全な再生可能エネルギーに転換するのがいいと決めたのが大切だったと思います。２カ月の間、何回も会って議論をしました」

当時、ドイツの原発は16基が稼働し、依存度は23％だった。なお、福島第一原発事故時の日本では54基が稼働し、依存度は28・６％である。

「倫理委員会は、原発事故の影響について話し合いました。石炭火力発電所でも事故はあり得ますが、影響の大きさが原発とはレベルが違う。もしドイツで起これば、都市がまるまる避難しなければならなくなります。

放射性廃棄物についても倫理委員会の報告書に盛り込みました。『原発を動かせば廃棄物が増え続けるのに、持って行く先がわからないのはおかしい』という考えが強いです。もうひとつ議論したのは、エネルギー研究費用の割合です。随分と多くの資金が原子力研究にまわされましたが、すべて再エネにまわしていたらもっと再エネ技術が進んでいたと思います。結果、委員全員が『安全なエネルギーに変える必要がある』と一致しました」

倫理委員会が２０１１年５月30日に報告書を提出したのち、メルケル首相は６月６日に、原発を停止するという閣議決定を行い、国会で賛成多数で承認された。

ミランダさんは、原発推進に転じる日本を案じた。

「各国の原発推進者たちが、『このままでは原子力の将来が暗い』と、アメリカ、フランス、英国で圧力をかけています。日本もほかの国から圧力があったのでしょうか。地震の多い日本で『再び原発を』とは考えられないことです。推進している人たちは何を考えているのかと思います」

日本でよく聞く声について、ミランダさんにたずねた。

――原発をやめると雇用が失われるという主張についていかがですか。

「（ドイツでは）原子力産業に勤めていた方々が数万人、一方で再生可能エネルギーは数十万人います。何十倍です。雇用を考えても再生可能エネルギーのほうがメリットがあります」

――ドイツは電気代が高いと指摘されています。

「ドイツは、電気代は結構高いけれども、再生可能エネルギーのせいだけではなくて、送電線、インフラのコスト、エネルギー全体に税金をかけているためです。安全性にコストをかけているのです。私はワシントンの近くに住んでいたことがありますが、ブラックアウトがよく起きました。ドイツには15年間、住んでいますが、一度もありません」

――経済的に電気代を払うのが厳しい層もいるのでは？

「ある程度以下の収入の方々について、ガス代や電気代が払えないときは政府が出してくれる制度があります」

――再エネが自然破壊という反対運動もあります。

「ドイツで反対がないとは言わないですが、住民の方々が風力、太陽パーク（発電施設）に参加しています。そうすると売り上げが町に戻ってくる。風力に投資する人が町の外から来ても、決定過程に住民たちが参加する形にするのです。はじめから町の方々と計画をつくって風力発電施設の大きさを考え、どこに置くかを考える。決定過程から参加すれば、町の合意形成ができる。

例えば、風力発電の利益の50％をその地域に住む住民に提供する。そうすれば、ただ音がうるさかっただけの風力発電機が、今度は『私の風力』になっていくのです。最近では海に大規模な風力を作る洋上風力が推進されるようになっています」

――省エネも進めています。

「ＥＵでは建物のエネルギー消費量を減らすことを義務付ける指令が出されました。ドイツは家を新築するときは家のエネルギー消費量を少なくしなければなりません。暖房の不要な家にするのが目標です」

――ドイツは再エネ技術を輸出していますよね。

「ドイツでは、建物の屋根、窓、壁が太陽光パネルになったり、水素車が普及するなど、技術はもっともっと進歩すると思います。日本も投資しないと競争に負けるでしょう。ドイツも早くから投資していましたが、中国、アメリカが追いかけてきて越されてしまいました。今後さらに進歩する、自然エネルギーに投資しないといけません」

――「ドイツはフランスから原発の電気を輸入している」と主張している人たちがいます。

「（言われなれた質問なのか、笑いながら）ドイツの発電量は国内需要よりも多く、総じて電気を輸出しています。独仏の2国間で見ると、ドイツがフランスから輸入する電力量より、ドイツがフランスに輸出している電力量が多い状況が20年以上続いています。フランスからドイツへの物理的な電気の流れが多いので誤解されますが、それはフランスからドイツを通過して、ポーランドやチェコなどに行っている電力も合算されるためです。ドイツがフランスから電気を買っている方が多いというのは誤りです」

——日本はどうしたらいいと思いますか。

「原子力に頼らなければならないという前提ではほかの道が見えません。いまは、ドイツと日本を比較すると日本のほうが太陽光発電のコストが高いけれども、日本でも自然エネルギーを増やせばコストが安くなってくる。コストを少なくすることさえ出来れば、原子力は経済的に許せなくなると思う。米国では高すぎて、経済的に作れなくなったんです。しかも、廃棄物の問題もあります」

一方、「原発回帰」から「脱原発」に舵を切ったもう一つの国であるイタリアは、原発政策を2度の国民投票で決めてきた。

1回目はチェルノブイリ事故の翌１９８７年だ。原発を受け入れた自治体に交付金を出す法律を廃止するかどうかなどを決める国民投票が行われ、廃止が決まった。そして、原発そのものも廃止された。

2回目は2011年6月である。政権が原発回帰のために新たに制定した原発関連法を廃案にするかどうかを国民投票で決めようとしていたところ、福島第一原発事故が起こり、投票で廃案が決まったのだ。

伊フィレンツェ大学教授（物理学、物理学史）だったアンジェロ・バラッカさんは、現職時代から約50年にわたって脱原発を訴えてきた。1987年の交付金制度を廃止したときの運動でも物理学者として発言してきた。原発を受け入れる自治体に金をばらまくシステム自体がおかしかったと主張する。

「金を出すことで地方自治体が手を挙げ、原発に賛成する。市民を黙らせる。民意を反映しないもので反対です。自治体が計画を応援する側になり、市民が反対したくてもできなくなる」

翻って日本はどうか。中曽根氏が原発推進のために作った電源三法で、交付金を地方自治体にばらまく仕組みがなければ、原発が54基も稼働する状況にはならなかっただろう。

日本で脱原発ができない理由

では、なぜ日本は原発を止《や》められないのか。

原発事故当時の官房長官だった枝野幸男氏に聞いた。聞いたのは、２０２１年５月18日。野党第一党の立憲民主党代表を務めていたそのときだった。

議員会館で、枝野氏は、私の向かいに座った。いつもの冷静な表情だ。

――事故当時の対処責任者でした。原発への認識は。

「福島の事故は、ある段階を超えちゃうと、『人間にはコントロールできない』、もう引き返せない不可逆的な〈崖《がけ》〉が見えるところまでは行った。あの恐怖心を感じた以上はやっぱり同じリスクにこの国をさらすわけにいかない」

――なぜ原発を続けたい政治家がいると思いますか。

「おそらく、どうしたらやめられるかを真剣に考えていないから。それに尽きる。やめようとすると、『使用済み核燃料をどうする。民間企業の資産だから法的に何とかしてあげないと電力会社が倒産してしまう』などと様々な難題が頭に浮かぶ。それで思考停止しているのでしょう。真剣に考えたうえでどうしても続けたいのではなく、やめ方がわからないから続けているだけです。

各電力会社は使用済み核燃料を、再利用する『資産』と位置付けてきた。資産ではなく廃棄物となると、既存大手電力会社9社が一気に赤字に転落する可能性がある。事実上、脱原発をするには原発を国有化するしかない。廃炉をする主体は国でないとできません。民間の電力会社のバランスシートから切り離さないといけないんです。

立地自治体の雇用や、技術者や優秀な人材をどう確保するのかという課題もある。それぞれ、簡単に答えが出ないから思考停止しているんだと思います」

――どのような解決策が考えられる？

「時間をかけて納得と理解を得るしかない。10年単位の仕事ですよ。大変なのは技術者の養成だと思います。原子力を発電に使うのをやめたとしても、使用済み核燃料の保管などのために原子力技術は高めていかなければなりません。だけどお金儲けにならなくなるわけだから、税金で人を育てて雇うしかない。技術者には50年、１００年単位で相当高い給料を恒常的に払う。この仕組みで国が雇用を保障しない限り、技術者育成は無理ですよね」

なぜ民主党は原発を止められなかったのか。２０１９年6月6日、日経産業新聞の連載

「核燃サイクル　政策の蹉跌」に〈米に矛盾突かれ、反論できず　しぼんだ「原発ゼロ」〉と題する記事が載った。概ね次のように報じている。

〈「脱原発を目指すなら、核燃料サイクルから撤退することだ」。2012年9月12日、ワシントンで開かれた日米の原子力に関する会合。ホワイトハウスの幹部らは向かい合う大串博志内閣府政務官と長島昭久首相補佐官（いずれも当時）にこう迫った。（中略）

米国はもう一つ重要なことも付け加えた。「米国の原子力産業はほとんどが日米合弁となっている。米国の技術も衰退する懸念が生まれる」（中略）

結局民主党政権は9月中旬までの米政府との調整を経て、原発ゼロを盛り込んだ新戦略を参考文書扱いとし、閣議決定は見送ることにした〉

この記事では、資源エネルギー庁長官経験者が、「（米国には日本に）原子力の技術維持・開発を肩代わりさせるという意図もある」と分析している。米国では1979年のスリーマイル島の事故や電力自由化で原子力産業が衰退していた。枝野氏にこの記事について説明し、尋ねた。

――アメリカが日本の脱原発に懸念を示したという報道もある。

「それはアメリカの一部です。アメリカ全体の強い意向ということではない。アメリカ政府のなかでは、『日本が原発をやめるんだったらやめてもいいけど、ただし核拡散防止はちゃんとやってね』と言う人たちが圧倒的多数ですよ。誰にどう話をするか、というだけの話です。アメリカの意向をあまり重く見すぎると間違うと思います」

実は、日本の推進側が米国に言わせているとの見方もある。日本政府に近い原発推進の立場の専門家が、「このときの米国の『反応』は、日本の原発推進側が米国の力を日本国内での追い風にするために使った表現」と弁護士の猿田佐世氏に言い切ったのだ（鈴木達治郎、猿田佐世編『アメリカは日本の原子力政策をどうみているか』岩波ブックレットより）。

米国の意向とされているものは、実は日本の推進派の意向、なのだろうか。

枝野氏は続けた。

「ただし、やめるならプルトニウムをどうするのという話は必ずついてくる。その決着をつけないと話は進みません。これもすぐには簡単にはやめられない結構大きなテーマですよ。だって、日本は大量に持っているから。

発電に利用しないとなった途端に話は立ち往生する。『50年ぐらい持っててもいいですよ』とはならない。引き取ってもらうこと自体、国際交渉が大変だと思います」

——石破氏や読売新聞の社説が、核抑止力のために原発は必要と言っていました。

「そういう人たちには、『アメリカの核の傘から離れるつもりなんですかね？』って応えますね。日本が核武装する選択かも知れませんけれども、私は核武装する選択はとらない。もはや日本はそんな大国じゃないですよ」

——電力会社はなぜ、まだ続けたいのでしょうか。

「電力会社は本音では止《や》めたいと思っていると思いますよ。ただ、自分から止めたいと言った時に先ほど指摘した困難を自分たちで何とかするように言われる。それは無理なので、政治側が、『電力会社にとって損ではないでしょう？』というビジョンを示さないと彼らは反対しますよ。逆にそれを示した瞬間に乗ると思います。政治が責任をもって止めてくれるんだったら、渡りに船でしょう。

だけど簡単じゃないですよ。なぜなら連立方程式だから。電力会社にとって納得できるビジョンで、同時に使用済み核燃料をどうしますかという話です。こっちのほうが簡単に理解を得られる話ではありません。六ヶ所村が納得するビジョンを示さなければいけない。全部そこで止まってしまうわけです」

青森県、六ヶ所村、日本原燃が結んだ3者協定では、高レベル放射性廃棄物を受け入れた日から30～50年後に施設外に搬出すると明記している。

「原発をやめていくには、『やーめた』と言って済むならいいですけれども、それからのプロセスは誰かやってくれないかな、という感じです。原発事故の恐怖をわかっている人間がやらないとだめなんだと思います。たぶん政治家でも（当時の自民などの）野党では、同じ恐怖感を持っていないと思います」

「原発立地振興法案」をめぐる攻防

自民党で長年、脱原発を訴え続けている河野太郎氏はどうだろうか。

２０００年9月13日付の朝日新聞ではこう発言している。

「僕は環境問題をやっていて、原発はフェーズアウト（全廃）できるというシナリオを作っている。そういう議論をやりたいが、どうも『最初に原発ありき』で役所も政治家も電力業界も動いているみたいなところがあり、それで本当に将来いいのかという議論にならない」

こうした発言などから河野氏は、党内で原発推進派に煙たがられた。

２０００年、原発が立地する地元にさらに手厚い補助金を与える「原発立地振興法案」

が提出された際、河野氏は「原発立地を推進する時代ではない」と党内でただ一人、法案反対を明言した。ところが、同年11月28日の衆院商工委員会の審議に、常任委員だった河野氏は出席できなかった。当日、自民党商工族の有力議員に委員を差し替えられ、一時的にクビになってしまったためだ。

河野氏はこう話している。

「すぐ原発を止めろとはいわない。天然ガスや自然エネルギーを増やし、ゆっくり脱原発を果たせばよい」（２００１年1月11日付「朝日新聞」より）

その10年後、原発事故が起きた。河野氏は２０１１年7月5日に、宮崎駿監督らとスタジオジブリで対話し、従来の原子力ムラや脱原発についてこう語った。

「自民党は半世紀、電力会社とつるんでやってきて、おいしいお金が、電力会社から政治献金もらうとか。民主党は労働組合に選挙でお世話になっていますから、それで賛成になって」

自民党はお金、民主党は選挙、なのだという。私は前の社で電力系組合が支援する民主党候補の選挙の取材に2週間通ったことがある。人員の手厚さと選挙に慣れた機敏でかつ組織立った動きに驚いた。一方で、原発事故後、ある民主党職員は「民主党支部が原発反対のビラを配っていたら、電力系組合の役員が、『民主党支部の名前で配るな』と言ってきて、ビラから支部の名前を削った」と語っていた。

　河野氏は、ジブリでの対話で、「なぜ原発に反対ですか」と問われた。

「核のゴミ、埋めます、３００年モニタリングしますと言っていますが、３００年前は赤穂浪士の討ち入りですよ。50年しか使っていないのに３００年モニタリングしてそのあと10万年埋めておきますというのはコストがひきあわないですよね。埋める場所も決まらないですよね」

　高レベル放射性廃棄物は無害化するまでに10万年かかり、地震国である日本には、安全に保管できる地層がないと言われる。北海道の寿都町《すっつちょう》や神恵《かもえ》内村《ないむら》で処分場の調査が行われているが、寿都町では反対運動が起きている。長崎県対馬市では議会が調査受け入れ促進を求める請願を採択したが、市長が２０２３年９月27日に受け入れないと表明した。

　対話ではこうも問われた。

――（原子力のエネルギー利用のシステムは）完成してませんよね？

「不完全です。ゴミを出すというのにあと20基増やすとか。ゴミが処理できないのだったら、いらないのは閉じちゃったほうがいいと言ってました」

学者の話にもなり、河野氏はこう指摘した。

「名のある学者はみんな研究費を（電力会社から）もらっている」

河野氏は続けて、東京電力の原発事故に伴う損害賠償の目安をつくる、文科省の「原子力損害賠償紛争審査会」の一部委員が、東電とつながりが深い「日本エネルギー法研究所」（エネ法研）から報酬を得ていたことを挙げた。

この言葉通り、対話から２カ月半後の２０１１年９月23日、審査会の委員９人のうち、学習院大教授の野村豊弘氏（68）と、早大大学院教授の大塚直氏（52）が、エネ法研から毎月20万円ほどの固定給を得ていたと朝日新聞が報じた。エネ法研は、年間１億数千万円の運営費のほとんどを、電力中央研究所（電中研）からの研究委託に頼っている。なお、電中研の事業規模３３９億円のうち、３００億円近くを電力業界が拠出し、うち90億円ほどは東京電力が負担していた。

「原子力、電力は、いろんなところへとにかくお金をまいて。そのお金はみんな電気料金ですから」

河野氏は対話でさらに語った。

「買い取り法を議員立法で２０００年ぐらいに作ろうとした。電力とつるんで経産省がつぶした。その余波が出てきている」

買い取り法とは、電力会社に自然エネルギーを一定の価格で買い取る義務を課す「自然エネルギー促進法」のことだ。経産省などの抵抗で実現しなかった。

ちなみに、ドイツは１９９０年に議員立法で、電力会社に風力発電などの自然エネルギーの買い取りを義務づけ、世界最大の「風力大国」になった。

また、自然エネルギー財団によると、２０２２年12月時点の再エネ比率は、デンマーク84％、ドイツ45％、英国44％、中国31％、フランス26％、インドと米国が23％である。日本は22％で、同財団が公表した18カ国中、17位と立ち遅れている。日本も20年前に促進策を実行していれば、現状は違っただろう。

河野氏は２０１２年に原発ゼロ社会に向けて超党派で活動する「原発ゼロの会」を民主党の近藤昭一氏らと結成した。「原発依存ゼロ」「再処理ゼロ」「省エネ政策の推進」「再生可能エネへの転換」を骨子とする政策提言を同年６月27日に公表している。

河野氏は外相を務めていた２０１９年３月６日には、国際再生可能エネルギー機関（ＩＲＥＮＡ）の事務局長による表敬を受け、「将来のいつか、再生可能エネルギー１００％を目指していきたい」と語った。

原発回帰した岸田首相

2021年9月29日に自民党総裁選が行われ、岸田文雄氏、河野太郎氏、野田聖子氏、高市早苗氏が出馬した。その結果、岸田氏が河野氏らを破って、首相となった。このときも原発が争点の一つとなった。

河野氏は総裁選でも原発ゼロ、核燃料サイクルを手じまいすべきだと訴えた。

9月10日の立候補会見では、質疑応答ののっけから、原発政策についての質問が飛んだ。読売新聞記者からだった。河野氏は答えた。

「いずれ原子力はゼロになるんだろうと思っておりますが、カーボンニュートラルを2050年までに達成するとなると、まず石炭石油から止めないとならない。いずれは天然ガスからも脱却しないとならない。きちんと省エネをやる。もう一つは再エネを最優先で導入していく。それでも足りないところは当面は安全が確認された原発を再稼働していく。それが現実的なんだろうと思っています」

東京新聞に新増設についての考えを問われるとこう述べた。

「新増設は現時点で現実的ではないと思っています」

河野氏は以前の会見でも、「新増設については、恐らくコストを考えたら電力会社としては、取りうる選択肢にならないのではないかと思います」と語っている。

原発の建設費は、事故前には1基数千億円だったが、福島の事故で安全性を高める必要性が出たため、1基2兆円に跳ね上がった。海外でも原発事故後、各国で原発の建築基準が厳しくなり、英国ではコスト増で原発建設が見通せなくなった。そして、その補塡のために、英国は建設費に国民負担を入れることとしている。

翌11日、河野氏は、核燃料サイクルを「なるべく早く手じまいすべきだ」、「再処理をやめる決断は一日も早い方がいい」と記者団の質問に答えた。

一方、岸田氏は日本記者クラブ主催の総裁選討論会で、「核燃サイクルを止めてしまうと、核燃サイクルによって除去される高レベルの核廃棄物はそのままということになります。再処理すると廃棄物の処理期間は300年。直接処理すると10万年かかると言われています。この処理の問題をどう考えるか」と反論した。

処理期間を300年に短縮するには高速炉を使わなければならない。だが、高速炉は実現可能性がないといわれる。つまり岸田氏が拠って立っている理屈は、絵に描いた餅なのだ。その点を各紙が指摘した。

朝日新聞は、「発言は高速炉サイクルの実現が見通せていない現状や前提に触れておらず、重要な事実の欠落により、誤解を与える余地が大きい」として「ミスリード」と報じた（同年9月30日デジタル版より）。毎日新聞も、「前提は普通の原発ではなく特殊な高速炉のサイクルを回し続けること。もともと実現性は疑問だったが、高速増殖原型炉もんじゅが破綻し、頼りのフランスも高速炉の実用化を白紙とし、まさに見果てぬ夢となった」と指摘している（同年10月2日付より）。

また、野田氏は討論会で、「私の息子はこの10年、３６５日、人工呼吸器と酸素の機械で生かされています。息子のように医療機器が生命線となっている障がい者、高齢者はたくさんいます。電力の安定供給ができないとなると、私たちはその人たちを守ることができないのです」と発言し、当面は原発を活用すべきだとの認識を示した。

しかし、それは事実なのだろうか。

東日本大震災では大規模停電が起こり、医療を必要とする人たちが都内まで来て医療機関を探して回っていた。北海道でも大規模発電（火力）に頼っていたために、２０１８年9月の北海道胆振東部地震のとき、ブラックアウト（全域停電）が起こり、透析患者らが行き先を探している姿を私は見た。原発のような大規模電源に頼ると、停電の際のリスクが大きすぎる。

　そうしたなか、高市氏は岸田氏とともに、小型原発の建設や、核融合炉の研究開発を主張した。高市氏は、「優先したいのは小型モジュール炉の地下立地、核融合炉だ。核融合炉はウラン、プルトニウムが必要ないし、高レベル放射性廃棄物が出ない。これを国産でと考えている」と提言した。だが、核融合は実現するかどうかも見通せない技術である。

　岸田氏は総裁選に勝利し、２０２２年12月、原発のリプレースや60年超の運転を可能にする新方針案をまとめ、２０２３年２月に閣議決定した。５月12日には原発を推進する「ＧＸ推進法」を成立させ、原発を最大限活用すると盛り込んだ。

　岸田氏は理由について、「エネルギーの安定供給と脱炭素を両立させることが重要」、「原子力を含め、あらゆる選択肢を活用していくことが必要だ」と繰り返す。岸田氏が「脱原発」の流れにあった従来の政権の施策の方針を12年前に戻した本当の狙いは何か。

　朝日新聞にそのヒントが載っていた。

〈「俺は安倍さんもやれなかったことをやったんだ」。昨年末、首相は安倍晋三元首相の名を挙げ、高揚感を隠しきれない様子を周囲に見せた。

　岸田政権は昨年12月、国家安全保障戦略など安保関連３文書を改定し、敵基地攻撃能力

（反撃能力）の保有を決めた。原発政策では、再稼働の推進だけでなく、建て替えや運転期間の延長に踏み込む方針を決定した〉（２０２３年5月4日付「朝日新聞」より）。

原発回帰は安倍氏を超えたいためだろうか。

この決定を批判的にみる自民議員もおり、こう話した。

「安倍政権でできなかった、じゃなくて、『やらなかった』のだと思う。安倍総理は『3・11』の翌年からスタートした、という時期的なものもあった。岸田政権では再エネに注力する世界の流れに乗り遅れていく」

「原発推進の姿勢はまったく間違いだった」

長年、原発を推進してきた元閣僚は、現状をどう見ているのか。中川秀直氏は、内閣官房長官や科学技術庁長官、原子力委員会委員長を歴任し、自民党幹事長、政調会長などを務めた。

２０２３年6月2日、赤坂の高層ビルの22階にある中川総研を訪ねた。

――原発事故を受けて、現在のお考えは？

「かつての私の原発推進の姿勢はまったく間違いだったことを思い知りました。心から深く反省をしています」

――なぜ日本は原発を止められないのか。

「まず国民に選択肢を示そうとしない、政治行政と産業の無責任や、気概、英知のなさだよ。原発の新設には２兆円かかり、電力会社も経済的にはしたくない。いまの原発安全対策は６兆円とも７兆円とも言われている。

　事業会社としては、自然エネルギーのほうがはるかに安くて安全なんだから、そっちに行きたいんだけど、昔の戦艦大和を作った話と同じで、古い組織ほど『組織的慣性力』でしがみつく。

　原子力産業のすそ野は広い。既存の大手電力会社から、電気、機械、建設……、最低５万人ぐらいいるかな。間接的に関わっている人も入れると20万人ぐらい。

　新エネルギーは２５０万人、12倍の雇用が新しくできる。20万人を率いている人たちが、変わる勇気がないんだな。時代遅れの大艦巨砲の戦艦大和にしがみついているのと同じ。まったくよく似ている。変われない、決められない。

　責任回避、既得権にしがみつく。政治も関連業界も、ガバナンスが機能不全ですね。それを許している国民の声、マスコミも含めて」

――岸田さんはどうして原発推進に？

「それはわかりません。なぜ急に……。安倍内閣、菅（義偉）内閣はそこまで前のめりじゃなかった。岸田さんになって急に変わっちゃったんだよな。岸田さんは人の意見をよく聞くから（笑）、推進派はチャンスと思ったんだろうね。彼の周りにそういう人が集まったよ。スタッフから。そうとしか言いようがない」

筆頭秘書官は経済産業事務次官を経験した嶋田隆氏だ。古賀茂明氏は、この人事が岸田氏の原発推進姿勢をあらわしていると話していた。嶋田氏は、「東電改革を担当するなど原子力政策にこだわりを持つ人物」（２０２２年９月６日付「毎日新聞」より）と評される。２０１２年６月から２０１５年６月には、東京電力取締役も務めた。

――岸田さんはどんな人ですか？

「そんな気負った人ではないと僕は思うんだけどね。非常に素直なまっすぐな人だったよ。人の意見をよく聞く人だった。確かに、スタッフをみると、名前は言わないけど中心的な人たちがいるよね」

明らかに嶋田氏のことだが、中川氏は名前を挙げるのを避けた。

「安倍さんの時も首席秘書官（経産省出身の今井尚哉《たかや》氏）とかがいたけど、そこまではいかなかった。安倍さんが抑えたんだろうと思うけれども。

いくら物忘れがひどいといったって、まだ福島の事故から12年だぞ。原子力緊急事態宣言がいまも出ていて、日本は明日大地震がきてもおかしくない状態だ。地震のたびに原発どうだと気にしている。イケイケどんどんというのはいくらなんでも……」

政府が２０１１年3月11日に発出した原子力緊急事態宣言は、解除の見通しがたっていない。

——私が講演に行くと、参加者から必ず「電気代があがると困るから原発はやむを得ない」という声が出ます。

「電気代があがるより、国がなくなるほうが遥かに影響が大きく、よっぽど怖い。それに自然エネルギーのほうが電気代が下がる。キロワットあたり2円、３円でできるところが出てきたんだから。

経済界でも持続可能性や国際的な企業のイメージを考えて、自分で使うエネルギーはぜんぶ自然エネルギーでやりますという『ＲＥ１００』に加わる企業が増えている。そうでないと、国際的に投資してもらえない。つまり、脱原発なんだけど、それが20万の人たちに遠慮して言っていないのかもしれない。けれど流れは完全にそうですよ」

ＧＡＦＡ《ガーファ》（グーグル、アップル、フェイスブック〔現・メタ〕、アマゾン）が、電気を再生可能エネルギーで１００％まかなうと宣言している。同様に宣言する国際企業が参加するキャンペーン「ＲＥ１００」には４２０社が加盟し、日本からはソニーや富士通、イオンなど84社が参加している（２０２３年10月15日時点）。

　また、アップルはサプライヤー（供給・納入業者）に、使用する電力の１００％を再エネ由来にするよう呼びかけており、世界28カ国で事業を展開する合計２５０社以上のサプライヤーが、全て再エネにすると表明した。そのうち日本は村田製作所、ツジデンなど34社になる（２０２３年3月時点）。

――（原発産業の）20万人の声はそれほど大きいですか。

「やっぱりそれぐらいの規模があると、声が大きい小さいというより、変えるのが大変だから。『ま、いっか』となって、そういう人たちの声が通るということなんじゃないかと思う。

　早く変えておかないともっと大変なことになる。既存24基は廃炉が決まっている。廃炉は誰がやるんだね。自民党・政府は事業者だって言うんだろうけど、事業者が廃炉できますか？　捨てる場所もないし、使用済み核燃料を保存するプールは容量の８割が埋まっている。何とかしないと廃炉ができない。

事業者じゃできない。国が廃炉機構でも作るのか。廃炉の動きが全然ない。原発は安全に保つだけで維持費が膨大にかかる。高速増殖炉原型炉『もんじゅ』の維持費は1日5000万円。廃炉の機構をつくって技術者を育てないと。郵政民営化もいろいろあったけど、郵政のほうが組織としてははるかに大きい。やろうと思えばできるんだよ」

――核兵器のために必要だということを、石破氏や、読売社説が指摘しています。

「日本が核兵器を持つために、原発を続けるなんてありえない。核兵器を持つなんてありえないよ。将来は核兵器全廃ですよ。人類が危ない」

――民主党政権が脱原発をしようとしたときに、米国から止《と》められた、と。

「それはたぶんそうでしょう。アメリカにもそういう勢力がいっぱいいるから。アイゼンハワー以来の軍産複合体があるんじゃないですか」

――推進派の議員たちはなぜ推進なのでしょうか。

「巨大システムに携わっている人たちがたくさんいて、それが経済の大きなビジネスチャンスで、それを守っていくのが国益なんです。日本は資源がないから、安全さえ確保すれば電気代も安くなる、という論理でしょうね」

――日本が脱原発になる可能性は？

「（顔をしかめて）いやー、まだ先だろうな。正直言って時間かかるだろうな。しかし、ぜんぶ自然エネルギーでやる企業が増えているでしょ。そうしないと投資活動ができない。変わってきたときに、そういう勢力の方が大きくなって影響力が強くなったら時代は変わってくると思うんだけどね。

イタリアも卒業、ドイツも卒業した。日本も経済の面から動いていくと思う。洋上風力とか大きくなったら、『原発いらないんじゃないの』と」

――よく、「もう一回、事故が起きないと、原発がとまらない」と言う人もいる。

「事故があっちゃいけないよ。恐ろしいよ。どれだけの人が避難になるかね」

小泉元首相「安全、コストが安い、クリーンエネルギー、ぜんぶ嘘」

最後に、元首相の小泉純一郎氏はどう考えているのか。

小泉氏は原発事故後、脱原発に主張を変え、「原発ゼロ・自然エネルギー推進連盟」の顧問を務める。その思いを聞いた。

――脱原発を主張するようになったのはどのようなきっかけですか。

「経産省、資源エネルギー庁などの原発推進論者の話では、『安全』『コストが安い』『CO_2を出さない永遠のクリーンエネルギー』だった。福島第一原発で大きな事故を起こして、3基の原子炉がメルトダウンして放射能が拡散された。最悪な状況では、半径２５０キロ圏内の住民が避難しなきゃならないという想定をしていたっていうんだよね（第2章参照）。幸いにしてそこまでいかなかった。でも最悪な状況を免れても、今でもそうだけれど、ふるさとなくなっちゃうんだよね。日本で事故時は54基が稼働していた。経産省はあの事故がなかったら１００基つくる体制を立てていたわけだよ」

　２０１０年6月の政府のエネルギー基本計画には、２０２０年までに9基、２０３０年までに、少なくとも14基以上の新増設を行うとある。福島第一原発7、8号機の新設も計画されていた。

「事故以来、いろいろ原発の本（・資料）を読んだ。政府がつくった事故調査・検証委員会での結論は、事故というものは起こる。そのあと与野党全会一致で、国会事故調査委員会が設置された。委員長は日本学術会議会長もやった黒川清博士（政策研究大学院大学名誉教授）。結論は、『安全、コストが安い、クリーンエネルギー、ぜんぶ嘘』だって（笑）。

　それなのにどうして続ける必要があるんだ。反省が足りない。福島の事故でいまだに多くの人がふるさとをなくして帰れない。多くの被害者も出ている。しかも、放射能の被害だからなかなかなおらない。やめなきゃいかん」

避難者は政府が公表しているだけで3万人にのぼる（２０２３年８月１日現在。福島県内などでは住宅提供を打ち切った人を避難者数から本人に無断で除いており、実際には避難者は数万人多いと言われている）。また、放射能の影響で原発から３００キロ離れた富士山周辺地域では今も野生のキノコから基準超のセシウムが検出され、国の原子力災害対策本部が出荷制限指示を出し続けている。

「いま東電は損害賠償も安全対策も、『東電のカネじゃ出来ません。政府支援してください』、廃炉も何年かかるか分からず、『政府支援してください』と。

コスト安いって言ったのはとんでもない。東電を全部支援しなきゃいけない。膨大な国民の税金を使わないとやっていけないんですよ。

原発は２０１２年８月から２０１３年９月まではたった2基しか動いていなかった。２０１３年９月から2年間はゼロ。それでも一日も停電はなかった。ゼロでやっていけるのを証明しちゃったんだよ。ゼロでもやろうと思えばできる。政治の問題だ。

ドイツは日本の事故を見て原発ゼロを宣言した。肝心の日本はあの事故に懲りずに、経産省が、また原発でやろうと考えている。何を考えているんだと。経産（けいさん）省は、計算（けいさん）違いをしているんじゃないか」

小泉氏は経産と計算をかけた。

「この原発というのは電気を供給したあと核のゴミが残る。これが始末に負えないんだ。核のゴミの処分場がない。『いつかできる』『いつかできる』なんて言っているけれど、できない、いまだに。

世界で唯一、核のゴミを最終処分する施設の建設が始まっているフィンランドは、島のオンカロ（洞窟）で10万年保存するということだったから、私は経団連の幹部５、６人と（２０１３年に）視察に行ったんですよ。

オンカロでは、螺旋形の坑道をマイクロバスで、４００メートル地下までゆっくりと降りていく。そして、頑丈な鉄板とコンクリートでつくった筒の中に原発のゴミを入れて、岩盤でできた壁に埋め込むんだ、と。

世界から見学者が多いらしく、処分場の10メートル上に見学台がちゃーんとついているんだよ。そこから、２キロ四方を見渡すことができる。

ただ、処分場はすでに完成していると思ったんだけど、まだ埋め込めてない。完成しているのにどうしてか。

『あとひとつ審査がある。壁を見てくれ』って言う。

壁には、灰色、黒いシミが数メートルおきにこれぐらいの幅で出てきていた」

小泉氏は両手を広げ、30センチほどの幅を示した。

「『あのシミ見てくれ。あれは湿気だ。あの湿気が水分となって、この処分場、水で埋まっちゃわないか。長年経つと漏れる恐れがある。そうならないようにできるかという審査が残っている』と。

岩盤でできている壁で、しかも400メートル地下のオンカロでもまだできない。あれを見てね、もし日本でやったら水が出てくるどころじゃなくて、温泉が出てきちゃう、と思った。

日本は54基稼働して、これからまた100基体制作ろうなんて考えていたけれども、到底、処分場なんて全部作れないと思った」

――在職中はご自身はどのように説明を受けていたんですか。

「ゴミについては聞いていなかったよ」

――処分場がないと説明がなかった？

「当然あると思ったんだよ」

衝撃の一言だった。原発のゴミについて説明を受けておらず、処分場は当然あると思っていた、と。河野氏をはじめ、廃棄物の行き場がない問題を訴えていた人たちもいるが……。

「それでね、『処分場は日本じゃできないな』と。第一、そんな頑丈な岩盤でできている場所はない。４００メートル掘ったら温泉が出てきそうなところばっかりだ。

日本は地震、津波、火山もある。フィンランドにはないんだよ。地震もない火山もない。岩盤でできている。なのに難航している。なおさら日本では処分場は作れない。それで今でも、『原発ゼロにしなきゃいかん』と訴えているんだ」

岸田氏が原発回帰の方針を示したことに、小泉氏は、「首相の判断で原発をゼロにできるのに、やるべきことをやっていない。非常に残念だ」と毎日新聞の取材に答えた（２０２２年9月28日「毎日新聞デジタル」経済プレミア・トピックスより）。

一方、岸田氏は小泉氏の指摘について問われ、「政府として、国民生活の安定、良質な雇用を確保した上での経済成長、そして脱炭素への貢献などを同時に成り立たせるとの観点に立って、省エネや再エネ、原子力を含め、エネルギー政策においてあらゆる選択肢を確保しておくことが重要である」と答弁した（２０２３年5月10日、参議院本会議）。

小泉氏は、「私は岸田さんと話したことないんだ。機会があれば話すけどね」と、私に言っていたが、ついに、直接、岸田氏と話す機会が訪れた。

２０２３年5月30日の夜、小泉氏が東京都内の日本料理店で、岸田首相と居合わせたのだ。小泉氏が1階カウンターにいたところ、「岸田さんが来てますよ」と言われ、岸田首相が2階から降りてきた。

会釈してきた岸田首相に、小泉氏は、「憲法改正は3分の2ないとできないから無理だ。原発ゼロは総理が決めればすぐにできる。できないことを言って、できることをやらないのはおかしいじゃないか」と言った。

岸田氏は、苦笑しながら「総理が決めれば……」と復唱していたという。

小泉氏は私に岸田首相とのやり取りを明かしたのち、「いろいろな産業がからんでいるからね」とつぶやいていた。

政府の最大の責務を放棄

原子力は、閉ざされた狭い原子力集団に莫大な税金を費やして進められてきた。

日本は事故当事者国として、脱原発に変わろうとしたが、たった12年で岸田政権が元に戻した。

「元に戻る方が既存のスキームを使うだけで楽だから」

「既得権益を維持できるから」

「脱原発しようとすると難題が表面化する」

これまで政権を握ってきた人たちの証言の共通項をまとめると、脱原発を実行するためには、「既存大手電力会社の経営悪化の懸念」、「いつか再処理するつもりだった使用済み燃料の処分」、「一部の米国勢力との関係」などの問題を解決しなければならない。だから、岸田政権は変えるのは面倒だし、既得権益を維持できる、と原発推進に戻してしまった。

本当にそれでこの日本に住む人たちの命と暮らしを守れるだろうか。

大地震、大津波は明日起こるかもしれない。原発事故は、東日本が壊滅するかもしれない事態だった。日本に原発を導入してきた前述の中曽根元首相でさえ、原発事故後には「原子力には人類に害を及ぼす一面がある」とし、「これからは日本を太陽国家にしていきたい」と発言していた（２０１１年6月26日「太陽経済かながわ会議」より）。

政府の最大の責務は国民の生命財産や国を守ることだ。

岸田首相は衆院予算委（2023年2月28日）で、「北朝鮮による度重なるミサイルの発射など、戦後最も厳しく複雑な安全保障環境に対峙していく中で、政府の最も重要な責務として、国民の命、平和な暮らし、そして我が国の領土、領海、領空、これは断固として守り抜かなければなりません」と述べた。

原発はミサイルに弱くて国防を危うくし、戦時にはウクライナのように人質ならぬ物質《ものじち》になる。攻撃や事故の際には国民の命や平和な暮らしを脅かす。領土にはいまだ住めない帰還困難区域がある状態だ。領海へは放射性廃棄物を流し続ける。大きな損失だ。

大地震や大津波、火山の予測が正確にできないなか、原発を使い続ける限り、事故リスクは決してゼロにはならない。

最大の責務を放り投げることは、政府の怠慢で職務放棄だ。

首相がやればできる。やらないからできない。

この国の将来の姿を真剣に考える人物が首相になる日は来るだろうか。

それとも、次の事故を起こすのが先だろうか。

おわりに

「放射能汚染については会社としての判断で全て記事にできませんでした」
「健康影響はないという見解もあるので、持ち帰って検討します」
政府を刺激する可能性がある意見や分析を新聞に載せようとすると、企画や原稿を突き返された、と記者たちからよく聞くようになった。個人のＳＮＳ発信に対し、上司から政府見解に沿ったメールを送り付けられた事例もある。

対象は、「被曝の健康影響」、「農家が放射能汚染とどう戦ってきたかの実態」、「放射線量の現在の数値」、「処理水放出についての専門家の懸念」……。

書けずに苦しんで、記者たちが社を辞めていく。それなのに、その辞めた事実の記載すら社から削除を求められた事例もあった。

いったい、何が起こっているのだろうか。民間の報道機関は政府の広報ではない。むしろ権力を監視するのが仕事のはずだ。

これまでも似たような経験をしたことがある。

２００３年、当時在籍していた北海道新聞で、警察裏金問題を手掛けた時だ。捜査に使う出張費、捜査費などが裏金となり、幹部の交際費などに充てられていた。長年、全国各地の警察署で行われ、まれに内部告発が出ては、その都度つぶされてきた。

元北海道警察幹部らがテレビ朝日の番組で裏金問題を匿名で証言したことをきっかけに、警察記者クラブにいた私たちは、刑事らに取材し、毎日、裏金の実態を報じていた。

警察は裏金を否定し、「道新の書いていることは嘘だ。その証拠に他社は報じていない」、「暗い夜道は気を付けて」と攻撃的な言葉を私に浴びせた。全国紙、通信社、テレビはほとんど報じなかった。嫌がらせも続いた。警察署で広報担当の副署長が全く別の事件を記者発表している最中に、「道新は出て行って」と言ってきたこともある。隣に他社の記者たちが座っていたが、彼らは黙っていた。後輩も同じ仕打ちを受けた。

私は全国紙とＮＨＫのキャップ級を懇親会と称して集め、なぜ書かないのかを尋ねた。

「うちは警察幹部と一体と思われているから裏金の情報が来ない」、「人手不足でできない」、「君もうちの社に入ればわかる」

それぞれの答えは、組織的な問題があることを物語っていた。

結局、２カ月半後に元幹部が実名告発の記者会見をしたことで、ようやく各社が報じるようになり、道警側は10億円近くを国と北海道に返還した。捜査費は本来の目的である現場で使われるようになった。

元共同通信社の青木理さんも類似の経験をしたことがある。

「上司に、『公安警察の実像を書く必要があるんじゃないか』と提案したが、『まかりならん』となった。警察は警察担当記者にとって最大のニュースソース。へそをまげられると警察情報をとれなくなるんじゃないか、というのが一番の理由だった。書けなかった」

メディアが権力と一体化して、書くべきものを書けなくなってしまう。それでいいのだろうか。

私も本書を出版するにあたって、不可解な経験をした。

私のライフワークの一つは原発で、学生時代から興味を持って調べてきた。同居していた祖父は長年、電力会社の社員だった。父は大学の工学部教授で、原発に代わる発電方法の開発研究に取り組んでいた。私は学生時代に父の研究に関わる学会開催を手伝ってきた。

私はこれまで、報道機関3社で勤めてきたが、その間も原発問題に取り組んだ。２０２0年に記者職を外されて新聞媒体に書くことができなくなってからも、勤務時間外に自費で、会社の記者としてではなく、個人のジャーナリストと説明しながら調べてきた。

文藝春秋の編集者に本書の原型となる原稿を見せ、２０２２年２月頃に刊行する方針が決まった。

会社には、「社外出版手続き」の文書があり、そこには社員が本を出すときは申請するように書かれている。２０２１年10月13日に出版申請書を所属長に提出した。

会社の定義では「現在の職務と直接関係しているもの」「過去の職務により取得した知識や情報が主な内容となるもの」が職務とされる。

紛らわしくないように、申請書には、「原発をなぜ止められないのかを、様々な人の話や文献からひもといたり、歴史や経緯、問題点、現状、将来像など幅広く描くことが中心」、「職務活動の定義にある『過去の職務により取得した知識や情報が主な内容となるもの』ではありません。職務外と考えています」と書いた。

これまで出版申請書が拒否された事例は聞いたことがなかった。

５日後、所属長から、「どんな取材活動になるのかを具体的に出してください」、「編集部門でこういったテーマで極めて多数の人が取材している。競合してはいけない。編集部門以外の方《かた》が取材をすることで、いってみれば競合みたいなことが発生してはいけない」と言われ、具体的な内容をメールで提出した。10月25日にはさらに章ごとの内容、コンテを提出するよう指示されたため、その通りに送信した。

申請書を出して1カ月近くたった11月8日、所属長からメールで返信があった。「異動前部門での職務活動で取得した知識・情報をベースとするわけで、職務である」、「編集部門の取材活動と競合し、妨害、阻害する恐れがある」、「職務となると、そもそも本来の会社業務により傾注していただきたい」とされ、「認められないと社として判断いたしました」と書いてあった。

ベースが職務活動とはどういうことか。ベースは私の生まれ育ちで、私が一人の人間として休み中に聞き歩いてきたことが主になる。意味がわからず、「詳しく教えてください」とメールしたものの、所属長はほぼ同じ理由を繰り返すだけだった。

第4章に登場する、元朝日新聞編集局長の外岡秀俊さんに相談した。外岡さんは、局長時代に戦時下の報道責任を検証する連載「新聞と戦争」を企画した。人望が厚く、退職後も各社の記者や経営陣からよく相談を受けていた。社内外で彼を囲んだ勉強会が行われたこともある。外岡さんは、「私は会社にいたとき、許可を取らずに雑誌『世界』（岩波書店）に原稿を書いていました。誰も何も言ってこなかったですよ」と不思議がった。

文藝春秋の担当編集者は次長で、直接所属長に説明してくれるとのことだった。外岡さんは「文藝春秋が会ってほしいと言ったら会うでしょう」と後押ししてくれたが、所属長にメールしたところ、「面会のお申し出については辞退させていただく旨、お伝えください」と返信してきた。

所属長の上司である、執行役員に聞いてみようと思った。12月22日、私は執行役員のもとを訪ねて、経緯を説明したが、状況は変わらなかった。私は聞いた。

「表現の自由がないんですか。社員には」

しばらくの沈黙の後、役員は言った。

「編集部門以外の方が、自分の思い思いに別々の取材報道をやっちゃうのは成り立たない」

私は編集局を外されてからも承認を受けて本を出版しており、編集局以外の別の社員も同じ時期に出版していた。すぐに外岡さんに相談したところ、「役員がそんな対応だったのですか」と驚き、翌12月23日には、「編集以外の人は取材も報道もできない、ということですか。これは憲法の問題ではないか、と思います」とメールをくれた。

その後も外岡さんに電話やメールを送ったが返信がなくなり、心配していたところ、23日の前述のメールを送った数時間後に急死していたことがわかった。友人らとスキーに行き、スキー場で心不全になっていた。68歳だった。

年が明けた２０２２年1月8日、私は社長に宛てて1週間以内に出版できる措置を講じるよう文書で求めた。出版予定が1カ月後に迫っていたためだ。回答は期限を10日ほどすぎた1月28日付で届いた。広報部長名だった。

「本件著作は記者としての職務活動により取得した知識や情報を主な内容とするもので職務と判断しました」

「業務の内容・量とのバランスに加え、関係する部門の業務内容・量とのバランスも考慮した結果、今回の職務による社外活動は認められないと判断したものです」

過去の職務によるものであるとの主張が続いた。

何が社で起きているのか、先輩や同僚に聞き歩いたところ、「複数の本を出版してきたが一度も申請したことがない。何もとがめられなかった」、「出版したあとに求められて申請した」との言葉を聞いた。

一方で、最近では認められなかった事例も複数あった。ある先輩記者は、編集職場外に配置転換になり、週4日勤務制度を取得して休日に、個人の立場で、まちづくりなどについて取材、執筆しようとしたところ、認めないと言われた。そのあと退社した。「個人としての取材活動まで奪われると思った」と私に話していた。

また、社内でも書けない状況がある。『太陽の子—日本がアフリカに置き去りにした秘密—』で新潮ドキュメント賞を受賞した三浦英之さんは授賞式で、「今回、私は、私自身の力不足もあって、このアフリカの難しいテーマを、私の所属組織では発表することができませんでした。でも一方で、やはりおかしいと感じてくれた編集者の方々や出版社の方々が、この難しいテーマを書籍として世に送り出してくれた」と発言した。

言論の自由を守ろうと普段から訴えている報道機関で、言論規制はあってはならないことだ。

会社からの最終拒否回答を受けても、私は挫《くじ》けることなく、さらに取材を重ねていった。

原発問題は、声を大きく伝えてこなかった報道機関、原子力ムラの一角だったマスコミにも重い責任がある。長く新聞社にいる一員としても、ここで声をあげることに躊躇してはならない。忘れれば、政府は再び同じ道を歩む。私たちの税金を使い、忘却させようとする大きなキャンペーンが行われている。微力でも伝え続けていくしかない。私は、東洋経済オンラインなどネット媒体で原稿を発表していった。

そして、処理水放出が大きな波紋を引き起こしたこの時期に、理解ある出版社の方々の尽力で出版が実現することになった。原稿を全面的に書き直した。

ところが、最終準備を進めていた２０２３年９月28日、会社は突如、「社外活動に関するガイドライン」を改定し、「職務」の定義に一行加えてきた。職務とするのは、「現在の職務と直接関係しているもの」「過去の職務により取得した知識や情報が主な内容となるもの」に加え、「本社の報道・取材・執筆・出版等」という一文が加わった。10月１日施行とある。報道機関の取材領域というと、あらゆることが職務とされてしまう可能性が出てくる。さらに職務による社外活動の場合は「編集部門の確認（監修）を受ける」とも書き加えられた。

監修とは何か。かつて私は出版する際に、社から「監修」されたことがある。その一つはこんな状況だった。

私の原稿のなかで、社が指摘してきたのは、「福島第一原発事故の話はもう終わったことにしようという原子力ムラの大きな力が働いている。原子力ムラは政官学業マスコミといわれる」、という冒頭部分だった。社から「マスコミと入れることでその議論は再燃が必至です。マスコミがすべて終わったことにしようとしているとは思いません」と該当部分の削除を指示された。すべてとは書いていないと言っても受け入れられず、関連原稿も削除された。

お読みになってくださった方々にはご理解いただけると思うが、監修を受けることになれば、この本は成り立たなくなる可能性が極めて高い。第4章からメディアを抜くわけにはいかない。読者や、取材先への裏切り行為になるし、何より歴史への冒瀆だ。

出版を諦めては、「声を伝えてください」と話してくれた人たちや取材に協力してくれた人たちに申し訳が立たない。出版できなかった1年半の間に、本書のためにお世話になった多くの方々が亡くなった。出版について励まし続けてくれた外岡さん。被爆者の佐野さん（第5章参照）は、何度も「出版はいつになりそうなのですか」と言って、心待ちにしていた。息子さんから連絡をいただき、２０２２年6月に94歳で亡くなったことを知った。２０２３年7月には、イタリアで長く原発反対運動をし、成し遂げた物理学者のアンジェロ・バラッカさん（「はじめに」、第7章参照）が亡くなった。84歳だった。ほかにも研究者、ジャーナリスト、被爆者、原発事故被災者の方々……。原発取材も手掛けた後輩の記者も急逝した。早くお届けできなかったことを、大変申し訳なく思う。

私は、記者としてではなくても、「伝えてほしい」という声や、多くの協力してくれた皆様にこたえるために出版すべきだと思った。それが、亡くなった人たちの魂にむくいることだとも強く思った。

手段を考えた。社名・肩書を表示せず、個人として行ってきたことで私益営利を目的としなければ、社に言う必要がない、と会社に以前、確認を取っている。私は事実を届けることを最優先にするため、原稿やプロフィールから所属している会社がどこかという表記を削ることにした。ご了承いただきたい。印税はこれまでの取材費と、今後の取材活動に充てさせていただく。

ガイドラインの改定は、メディアで「言論統制の強化」と報じられた。言論機関が言論の自由をおかすことはあってはならない。私は何とか言論を守れないかとこれまで社内にとどまってきたが、結果的に社を去ることになるかもしれない。それでも、事実を届ける方が人事だと出版に踏み切った。この決断のために苦労をさせてしまう人には、本当に申し訳なく思う。

再び核のために、多くの人々が苦しむことがないように願う。一部の利益のために、多数の人たちが犠牲になるこの国の構造が、少しでも改善されてほしい。

本書で描いたのは、原発は巨大だから変えられない、という嘘だ。原発を推進する勢力は一部だけだ。原子力ムラの村長は総理で、自民党が衆議院で過半数の議席を握っているがゆえに、自治体や関連産業に莫大な税金をまくことができる。

総理が変えると決めれば、変えられる。そのために、投票に行く人が一人でも増えてほしい。２０２１年の衆院選の投票率は55・93％だった。投票先を考えることは未来を決めることだ。沈黙は現状の追認になる。

最後に、オーストリアの人々が原発に反対した、重要とされる5つの理由をご紹介しようと思う。オーストリアは原発が建ったものの、国民投票の結果、原発が禁止され、原発を使わない国になった。

・通常運転の条件下であっても、放射線の放出に関連する人体の健康への害
・原子炉容器の解決されていない技術的な問題
・核廃棄物の管理と処分に関する、未解決かつ解決しがたい問題
・いわゆる〝平和的な原子力エネルギー〟と、軍事原子力業界の間のつながり
・非常時計画が不十分であること、原子力の破局的な状況があった場合に、いくつかの都市を避難させる必要があり、それは不可能であるということ

（ペーター・ウェイッシュ、ルパート・クリスチャン「オーストリアの原子力への『ノー』」「世界」２０１４年4月号より）

この記事には、「国民投票の結果を分析したところ、反原子力が過半数を超えたのは、

より若い世代、特に若い女性と、平均以上の教育レベルの人々の投票があったためであることがわかった」とある。

これら5つの問題は日本で解消されているだろうか。原発は通常でも作業員を被曝させながら動いている。九州の原発で働き、白血病になった作業員男性は労災認定された。アパートの2階に住み、「いまも多くの薬を飲まないと生きていけないのです」と私に何錠もの薬を見せてくれた。

忘れてはならない。

人々の犠牲のうえに原発は動いている。原発を動かす決定をした人たちは、被曝せず、原発から遠く離れた東京・永田町にいる。

ここまでお読みいただき、ありがとうございました。

皆様に支えられて、この本はここにあります。

そしてこの本は文藝春秋の西本幸恒編集長、松崎匠さん、織田甫さんのご尽力なしには出版できませんでした。ありがとうございました。

またいつか、皆様にお会いできることを、心から願っております。

青木美希（あおき　みき）

ジャーナリスト、作家。札幌市出身。1997年、北海タイムス入社。同紙の休刊にともない、1998年9月に北海道新聞入社。札幌での警察担当のときに北海道警裏金問題を手がける。2010年9月、全国紙に入社。東日本大震災では翌日から現場で取材した。現在も個人として取材活動を続けている。「道警裏金問題」取材班として菊池寛賞。同取材班と、のちの原発事故検証企画「プロメテウスの罠」、「手抜き除染」報道の両取材班で、新聞協会賞を3度受賞。初の単著『地図から消される街』（講談社現代新書）は福島第一原発事故の実情を描き、貧困ジャーナリズム大賞、日本医学ジャーナリスト協会賞特別賞、平和・協同ジャーナリスト基金賞奨励賞を受賞した。ほか単著に『いないことにされる私たち』（朝日新聞出版）。2023年から日本ペンクラブ言論表現委員会副委員長。

文春新書

1433

なぜ日本《にほん》は原発《げんぱつ》を止《や》められないのか？

2023年11月20日　第1刷発行
2024年 4 月10日　第5刷発行

著　者　青　木　美　希
発行者　大　松　芳　男
発行所　株式会社　文　藝　春　秋

〒102-8008　東京都千代田区紀尾井町3-23
電話（03）3265-1211（代表）

印刷所　理　想　社
付物印刷　大　日　本　印　刷
製本所　加　藤　製　本

定価はカバーに表示してあります。
万一、落丁・乱丁の場合は小社製作部宛お送り下さい。
送料小社負担でお取替え致します。

ISBN978-4-16-661433-2